本书获得扬州大学出版基金资助

# 扬州传统建筑装饰艺术研究

徐邠　著

广陵书社

图书在版编目（ＣＩＰ）数据

扬州传统建筑装饰艺术研究 / 徐邠著. -- 扬州：
广陵书社，2016.9
ISBN 978-7-5554-0602-0

Ⅰ. ①扬… Ⅱ. ①徐… Ⅲ. ①古建筑－建筑装饰－建
筑艺术－研究－扬州 Ⅳ. ①TU-092.2

中国版本图书馆CIP数据核字(2016)第233129号

书　　名　扬州传统建筑装饰艺术研究
著　　者　徐邠
责任编辑　王浩宇　　顾寅森
出版发行　广陵书社
　　　　　扬州市维扬路 349 号　　　　　邮编 225009
　　　　　http://www.yzglpub.com　　　E-mail:yzglss@163.com
开　　本　787 毫米 × 1092 毫米　1/16
印　　刷　江苏京都印务有限公司
印　　张　9
字　　数　80 千字
版　　次　2016 年 9 月第 1 版第 1 次印刷
标准书号　ISBN 978-7-5554-0602-0
定　　价　32.00 元

个园夏山

何园栏杆

何园片石山房叠石

卢氏盐商砖雕

岭南会馆砖雕

扬州传统建筑装饰艺术研究

吴道台石鼓

扬州民居石鼓

瘦西湖园林门洞

瘦西湖徐园门洞

钓鱼台门洞

瘦西湖美人靠

# 前　言

　　地处长江三角洲的扬州，山清水秀，土壤肥沃，气候宜人。一方面，江南秀润清丽的自然环境产生了清秀细腻、富于诗意的江南文人风尚，明清时，这种风尚无论在文学书画还是工艺美术上，都成为当时江南甚至中国的主流；另一方面，扬州依托运河，从汉代至明清，有着千年的繁荣，是除京城之外比较大的城市之一。"清代，扬州为两淮盐运枢纽，盐商聚居之地，四方豪商大贾，鳞集麇至，侨寄户居者，不下数千万。"盐商们财力雄厚，富比皇室，"衣服屋宇，穷极华靡"。他们在扬州大兴土木，大肆建造园林、住宅、会馆等，追求住宅的宽敞气派，园林的奇巧变化，并不惜重金装饰和点缀门楼。乾隆年间，扬州园林之盛甲于天下。由于乾隆六次南巡，各盐商穷极物力以供欣赏，自北门直抵平山，两岸楼台，数百里相接，无一处重复。除园林、会馆、住宅外，清代扬州佛教艺术也非常兴盛，寺庙、观庵达百余座，因而其时建筑业非常繁荣。盐商们在客观上促进了扬州建筑装饰艺术的发展，扬州至今还有一些古街巷留有他们的豪门大宅。①

---

① 沈惠澜《扬州砖雕收藏价值渐显》，《艺术市场》2008 年第 10 期。

当时还有众多的文学家、书画家、戏曲家、收藏家定居扬州，他们在不同的精神文化领域里各有建树，以一种文人特有的灵性关注着与自己日常生活、居住环境相关的建筑装饰艺术，并有许多画家亲自参与设计。如明代著名匠师计成，也是画家出身，他所造假山追求五代画家荆浩和关仝的笔意，作品有常州吴玄的东第园、扬州郑元勋的影园和仪征汪士衡的嘉园等。计成还结合实践经验写出一部造园理论著作《园冶》，这是中国历史上第一部专门论述造园的杰作，也是世界上最古老的一部造园学名著。它从造园的艺术思想到景境的意匠手法，从园林的总体规划到个体建筑设计，从结构列架到细部装饰都作了系统的论述，涉及到园林创作的各个方面，对鉴赏中国的古典园林、研究中国的造园艺术，是重要的参考典籍。扬州建筑装饰艺术在这些文化的熏陶之下无不体现出江南文人所崇尚的生活情趣、思维方法和美学尺度。

# 目录

# 第一章 门

## 第一节 门的概述

计成《园冶》中说"门上起楼，象城堞有楼以壮观也"。[1]中国民间建筑源远流长，多姿多彩。而在民间建筑的庞大体系中，门是最丰富、工艺最精湛的构件，不仅具有功能性，在造型结构和装饰工艺上也极具特色。民以居为安，而居住的要素少不了门，中国居住文化说到底在某种程度上可以称为"院落文化"。朱门红墙，深宅大院，主人的身份决定了院墙的高矮。门作为这院落的出入口，更加作为显示主人社会地位的标志。门作为中国传统建筑的重要组成元素，它随着人类建筑物的产生而产生，随着建筑类型的发展而发展，这些体现在门上的各类装饰元素，某种程度上揭示了人们意识形态的变化和社会的等级。门是一个象形字，"門"从二户，"半门曰户"（《说文》）。门原是指建筑的出口处，门作为一种安全设施，称谓尤其多，如殿门、堂门、侧门、腰门、穿堂门、仪门、内赛门；室内小门曰闱，闱门上圆下方如圭形；垂花门是在二门之上修建屋顶样的盖，四角下垂短柱，柱顶雕花饰彩。军中则有旌门、辕门，旌门是指古代帝王出行，帷幕前树旗帜若门；辕门是仰起两车，车辕相向为门。

---

① 计成著、陈植注释《园冶》，中国建筑工业出版社 1988 年版，第 51 页。

在皇宫中，金马门是指宦官的门，门前置金马，司马门为宫外之门，掖门是宫内的旁门。

钱正坤在《世界建筑史话》中指出"中国古代建筑给人印象最深的是走过了一门又一门，越是规格越高的建筑，其门也越多。因为中国建筑是一个在平面上展开的空间，门就担负起引导和带领人在平面空间进退的作用"。门除了"闭藏自固"、变换空间以外，也是一种建筑等级的反映。提到门的等级，在古代，从皇宫到平民百姓之家，是十分明显的。贫寒之家的门称之为衡门、柴门、蓬门。《毛诗义问》中"横一木为门而上无屋为衡门"，《诗经》中也提及"衡门之下，可以栖迟"，杜甫在《羌村三首》中有"柴门鸟雀噪，归客千里至"。权贵和豪家的门，称为侯门、豪门、朱门。

中国古代门的装饰有六要素：门神、门联、门匾、门簪、门钹、辅首。单从结构上来分，可以分为：门扇的装饰，门框的装饰，门头门脸的装饰。

## 一、门扇的装饰

### 1.门钉

在门板上整齐排列成行、成列，产生出一种形式美、秩序美，在后世被赋予了特殊的社会文化内涵。《素问·阴阳应象大论》说"阴阳者，天地之道也，万物之纲纪"。认为男为阳，女为阴；数字中单数为阳，双数为阴；帝王当然属阳，而九是最大的单数，所以与皇帝有关的事物多以九为数量。故皇宫内的大门除了刷中国红作为装饰，也用上下九列、左右九排共计九九八十一枚门钉，象征着皇权的千秋万世，普通百姓是不得使用的。因为门钉谐音门丁，又承载着求子纳福、多子多福的美好愿望。

2.门色

由于门特殊功能，在外经常日晒雨淋，为了避免门扇的损伤，常常刷上油漆作为门色以作保护，这种色彩的运用也是很讲究的。红色，在中国寓意吉祥、万福，有喜庆之意；金色，为皇权之色，寓意高贵、稀有。非官宦的人家多数是用黑色门漆，东北民间甚至有"黑大门"即"黑煞神当门，邪气难入门"的说法。而庶民所居房舍"不许用斗拱及彩色装饰"。

## 二、门框的装饰

门框是专门安装固定门扇的，由左右两根框柱和一根横在上面的槛组成的一个框架，既可以固定在墙上，也可固定在两根立柱中间。边上会用上下凸起的门轴固定住横木。

## 三、门头门脸的装饰

1.门头

图1-1　砖雕门头
（清·湖南会馆）

门框上面有个简单的屋顶，称之为门头，也叫门罩。由于这个特殊的位置，除了遮阳挡雨，装饰性的功能也很凸显。扬州的传统建筑基本是以砖雕为主，装饰内容包括吉祥图案、花草植物、传统的戏曲或者传说（图1-1）。

2.门槛

门槛横伏于门前，起到划分内外空间的作用，多为木、石结构，辅以讲究的雕饰。门槛除了这个功能性，也是主人威严与财富的象征。现代人使用"门槛高"来感叹建筑主人的政治、经济权势地位，而不是用来形容一个建筑物件（图1-2）。

图1-2　石头门槛
（清·盐宗庙）

## 第二节　扬州传统建筑中的门式

扬州古城区内，散布着数百个修建于明、清和民国早期的古屋名宅。这批古宅群中既有官宦之府、盐商宅邸，也有书香世家、平民居所，青砖黛瓦下简洁的外形投射出清雅、柔和、质朴的气息。扬州的宅院合一的整体布局，兼容南北的设计风格，既无北京四合院的显赫与豪华，也无徽派建筑的繁缛，形成了特殊的扬派建筑风韵，体现的是传统哲学思想和扬州的地域文化。扬州古建门楼有着自己的重要性和独特性，扬州古民居楼属如意门样式，不同于北京的四合院的门楼，也与南方民居门楼不同，根据特征的不同，主要分为三种类型：

## 一、八字形门楼

该类型门楼一般应用于官宦富商门第。其特点是门前留有一定空间门庑，拥墙或两侧的廊心墙向外开张，与倒座屋檐墙相连，形如八字，故称"八"字形门楼。但是八字的横向宽度、角度、纵向深浅程度不尽相同。

**图 1-3  八字形门楼**
（清·四岸公所）

比如南河下26号的湖南会馆门楼、丁家湾118号的四岸公所门楼（图1-3）、新仓巷4-1至16号岭南会馆门楼（图1-4）均是这种形式。八字形的门楼从立面上由上至下的装饰分别是：匾额状的拼花呈六角形式、门楣上砖石的额枋、门洞、门枕石。屋檐下是一样的飞檐、斗拱和出檐。在两侧用磨砖砌成墙体，有的讲究的人家砌成壁墙式样，在中间设定一个框子，砖石斜砌，将四周的角上砖雕刻成各式各样的纹样，寓意吉祥平安，这样倒构成了一副完整的图画了。"八"字形门楼，竖向高耸站立，甚者达十余米，比较有气势，视野上也更宽阔。

图1-4　八字形门楼
（清·岭南会馆）

## 二、凹字形门楼

凹字形门楼平面形式与八字形门楼大体相似。区别在于廊心墙是垂直外出的，多用于大户人家，但是在装饰上比八字形要简洁很多。如徐凝门的何园朝北的门楼，这种门楼，呈现的平面效果较为紧凑，有种高耸肃穆的效果（图1-5）。

**图1-5 凹字门楼**
（清·何园）

图1-6　一字形门楼
（清·丁姓盐商住宅）

### 三、一字形门楼

一字形的门楼，是指门的立面与屋檐墙面处于同一
个平面内，门前是没有廊庑的，这是扬州民居中最常见
的门楼形式，但是这种门的大小、形式，装饰的复杂程
度是由不同的经济地位决定的。例如东圈门地官第巷16
号的盐商丁姓宅院门楼（图1-6）、康山街22号卢氏盐
商住宅（图1-7）、康山街20号盐宗庙（图1-8）、彩
衣街30号的杨氏住宅（图1-9）等。这种门，是以磨

扬州传统建筑装饰艺术研究

砖砌成的,仿制北方四合院类型。较矮的门楼砌筑很简单,就是在门洞上面用不同层数的砖砌成檐雨搭,一是可以突出门楼的位置,二也可以防止雨水的冲刷,集合了装饰与实用的效果。一字形的门楼,建得高比较宽阔大方;建得低则平和自然,亲和隽永。

明清时候,扬州因盐业的发达,聚集了各地的商户官宦,以致于民居建筑无论在规模还是数量上都超过了前代,也因此建筑的装饰汇聚了南北各地的特点。门楼

图1-7 一字形门楼
(清·卢绍绪宅院)

**一字形门楼（清）**

图 1-8　盐宗庙

图 1-9　杨氏住宅

样式与传统北京四合院相比，区别在门楼基本不会单独设屋脊。门枕石，在扬州俗称石鼓子，均为长方形，上面一般刻有各种吉祥图案或者花草，门楣与拥墙是齐平的。屋檐与门槛之间，以倒做屋体量大小，留大小不等的平面空间，这些都是根据主人的身份地位、经济实力以及爱好的不同设定的。有的是磨砖素面，也有六角锦花做装饰，也有通体刷成漆黑的。有将门铁做成葫芦样，也有通体饰门钉的做法。比如盐商卢绍绪宅院的门楼，砌筑和建筑样式是很考究的，两边以稍微突出的砖墙框出了整个门楼，磨砖的浮雕是以"汾阳王郭子仪带子上朝"为蓝本，檐口是磨砖三飞重檐，四周角砖雕是"暗八仙"。门洞上方两侧用直线取代曲线，改成鼻子夒为一组的"双龙戏珠"呈阶梯状的砖雕构件，大门漆黑，不做装饰。

从结构类型上来说，门除了装饰的审美价值和文化内涵，还是有实用的功能的。门的构件大多为木头，包括门扇、门框、门闩、门楣、门簪等，不过也有砖瓦制成的门头、门楣，比如运用广泛的门枕石。总地来说，门由不同材质的构件组成，大致分为木、砖、石和金属四类。木构件有心屉、裙板、练环板、帘架、门闩等；砖构件有门头、门楣、门脸等；石构件有门枕石、滚敦石等；金属构件有辅首、门、门钉等。不同材质的门构件，通过不同的工艺手法雕琢，既可以保持其结构的实用功能，也能提高装饰效果。

扬州地区建筑的门类型极为丰富，因着建筑属性不同，门的造型、尺度和风格也不尽然相似，如寺庙门、村镇门、宅门等。同一建筑的门，由于区域功能不同，结构与尺度也不同。如果住宅的大门尺度大，则封闭性较强的板门比较适用；内部房屋的居室门尺度比较小，比较适宜选用轻巧、通透的格扇门。门扇是门最重要的一个部件，扬州的民间建筑中，板门和格扇门是最具典型意义的。板门的门扇比较厚实，结构也严谨，封闭性很强，板门又可以分为实塌门、棋盘门、散带门等。实塌门的门扇是由厚重木板组建而成，门扇内里设置门闩，这样从安全角度考虑，利于关闭（图1-10）。而在门扇外面有金属饰件，除了加固防范的作用也起到了一定的装饰作用。而寺庙与宅院，大多选用这种厚重、坚固且富于装饰性的实塌门。散带门没有边框，多用于小型院落的外门或者室内门。

图1-10　实塌门
（清·民居）

格扇门是一种组合形式的门扇，通透且装饰性比较强，多用于厅堂门（图 1-11）。在扬州，民间建筑基本是以木头为构架，墙体是不承重的，因此空间的转换比较灵活。格扇门可以多扇排列组成固定的隔断，也可以拆卸部分用于扩大空间。格扇门外形比较修长，上部的格扇心用透雕制成，有通透性还有很强的装饰性；下部的裙板，以彩绘或者浮雕，倒不常用透雕的工艺手法。格扇门在民居中也常用作居室门（图 1-12）。

**格扇门（清·个园）**

$\dfrac{\text{图 1-11}}{\text{图 1-12}}$

洞门的特点主要是满足于通行，封闭性很差，风格和样式主要取决于框洞的造型、材料和装饰需要。洞门甚至不应该算是完整的门，但是确实宽敞、便捷，也不需要门扇的供料。比如园林建筑中的洞门，也是很精彩的（图1-13、图1-14、图1-15）。

图1-13　洞门
（清·扬州园林、老宅）

除了木雕技艺在门上的突出体现外，门上的装饰工艺是很多的，比如石雕、砖雕、油饰等。石雕在门上的工艺费工最长，造价最高，多出现于寺庙、祠堂的建筑。扬州的传统石雕工艺是很成熟的，技艺精湛，包括平雕、浮雕、圆雕等，一般多出现于门枕石，这是大门的一个

**图1-14 洞门**
（清·扬州园林）

图1-15　洞门
（清·瘦西湖钓鱼台）

重要装饰构件，大多运用综合的技法雕凿而成。砖雕是装点门户的重要手段，在民间的建筑中表现尤为精彩。扬州的传统砖雕有烧活、凿活、堆活等技法，装饰内容以吉祥花草、文字、戏剧传说的人物为主。油饰主要是为了保护木构件的表面。在封建社会，建筑的色彩是具有阶级意义的，王府门是用银朱紫，民居则规定用黑或铁红，店铺门多为黑色。这样就很大程度影响了民间建筑的门的装饰风格，寺庙门的色彩就较为庄重静穆，民居门的色彩就比较质朴沉稳。

在古代的封建社会，门差不多就是"家族"的代名词。人们称家庭为"门庭"，全家称为"满门"，家中有喜事叫"喜临门"，形容一个家庭的社会地位称之为"门第"，家族世代传承的德行与格调称为"门风"。可见门在社会文化中的意义是非凡的，以致于门的概念不仅体现在建筑上，更进一步扩大到宗教、思想上，并且衍生出了很多与门相关的词语，例如：佛门、门生、门派等。

阶级社会，门户有一定的象征意义，是主人的社会地位的代表。大门不仅是一个住宅的装饰，也是代表了一个家族的脸面。以北京的四合院为例，大门的类型有广亮大门、金柱大门、蛮子门、如意门、墙门。这些门规格也不同，广亮大门进深比较大，门扇安在中柱一线，规格为最高；金柱大门进深稍小，门扇安在金柱一线；蛮子门没有进深，门扇安在外墙柱一线。在这一系列以外，还有西洋宅门的做法。广亮门、如意门基本是官宦人家的做法。蛮子门是一般殷实人家的宅门。扬州的门式样，反映的是那个时代盐商、退隐官宦的经济状况，可是装饰的建筑式样，却呈现出藏富不露、谨守规制、不事张扬的个性，因为它摒弃了北方四合院对木结构的刻意夸张和南方尤其是徽派建筑对砖石雕饰的繁缛经营。扬州建筑门的式样装饰是追求清水芙蓉的审美情趣，虽然这种装饰是以简约取胜，可也不缺乏传统的题材，道家的"八宝"、瑞兽图案无所不包，但往往采取点状装饰，避免了图形大跨度在视觉上的效应而削弱整体的装饰效果，既达到了人们对美好生活追求的象征意义，又贴合了建筑整体的装饰主题。

门的装饰风格简洁，可是高耸宽阔的视觉感受，却难掩宅院内部苦心孤诣的营造，体现了整体建筑儒雅外表下的器宇轩昂。扬州古民居建筑艺术的主旋律，是诗意化的人居环境和生活的诗意化，而在这一切背后隐藏的是这一个时期具有较高的传统文化素养的新生商业力量对中国传统文化的解读，通过在新生的商业环境中的奋斗，创造的多彩物质世界。

# 第二章　窗

## 第一节　窗的装饰概述

窗是建筑中不可缺少的一部分，追溯其历史就会发现其背后隐藏了许多内涵。《说文解字》云，窗本作"囱"，在墙曰牖，在屋曰囱。窗，或从穴。又云："屋者，室之覆也。"又云："孔，通也。通者，达也。……孔训通，故俗作空，穴字多作孔，其实空者，竅也。"意思就是说，开在墙壁上的叫"牖"，开在屋顶的叫"窗"。因此，窗最早是开在屋顶上的洞，也就是天窗，谓之"孔"，它的作用就是通风。古时，窗和牖是不同的概念，到了后来其概念渐渐淡化，《考工记·匠人》中有"四旁两夹窗"，这里的窗是指"旁窗"，窗和牖都指开在墙上的窗。窗究竟是什么时候出现在建筑中的，恐怕现在也无从考证。在半坡遗址发掘已证明，当时的房子顶部已有开洞。在原始社会时期，住宅内部的篝火需要排除烟气，顶部的洞就有通风排气的作用，这或许就是窗的雏形。

在传统的窗的装饰中，各种纹样源于商周时期。在当时的青铜器上就见到了窗的原型。秦咸阳宫第一号遗址挖掘出了窗用的铜合页，证明了那时的窗已经可以开启了。秦汉时期明器中可以看到棂的窗格，这一时期的窗棂有直棂、正方格、斜方格等各种格式。在古人眼里，门窗有如天人之际的一道帷幕，是连接上天与人间的一个通道。中国建筑中的窗是伴随着殿宇建筑产生、发展和成熟起来的。从河南二里头夏代晚期和安阳殷都宫遗址可以看出，夯土台基上的木架梁柱式殿宇建筑已经定型，在追求礼制的周代得到较快速的发展，出现了栌斗上用栱、昂作为结合柱、梁的复杂木构件，春秋战国时窗棂的雕刻花样已经有了多种变化。西周铜器和战国的木椁上有十字格和斜方格的窗棂，从汉代明器陶屋和石画像上能够见到直棂、琐文和斜格窗扇的图像。文字方面，春秋时期齐国官书《考工记·匠人》有"攻木之工"一节，此外《楚辞》和《后汉书》亦有"欲少留此灵琐兮""网户朱缀""窗牖皆有绮青琐"的咏唱与记载。到南北朝时期，晋顾恺之《女史箴图》卷里已有格扇，从河南洛阳出土的东魏造的塑像中，已有明确的正门与直棂窗，形象逼真。到北魏时代开始有了券门、券窗、方窗。具体来讲，从北魏开始，门与窗便做得非常标准了，已经和今天的门窗差不多了。

宋代是中国建筑发展的鼎盛期，这一时期出现了大量功能性好、棂条组合丰富、艺术和审美价值较高的门窗样式，最具中国特点的格扇开始普遍采用，促使建筑的整体风貌与室内的采光、通风得到改善。明清时期的花窗花板，集富贵之相、儒雅之风于一身，既具有丰富的文化内涵，又雕工精美，给人以很高的视觉享受，还有一定的收藏价值和高度的装饰实用性。中国自古就是一个信奉家宅平安的国家，所以窗格也就成为人们心中象征幸福光明，趋吉避凶的吉祥建筑装饰。如同中国红木古典家具在中国家具文化史的地位一样，门窗格扇在中国建筑装饰文化史上也蕴含着博大精深的文化意味，更是人类精神面貌的反映与物质文明的象征。宋代《营造法式》、清代《工部工程做法则例》和现代《营造法原》等著作，是中国传统建筑包括大木作和小木作等匠作标准化、制度化的标志。其中《营造法式》和《工部工程做法则例》更多地代表了官方即北方的制度标准，现代成书的《营造法原》则较多地保留了南方以香山为代表的规例，两者在分类和名称上略有差异。如门窗、栏杆、挂落等项，北方有内檐装修、外檐装修之分，南方则统一称为装折。

民居在柱、梁、檩、椽，斗栱和屋顶形制等属于大木作的领域内受到严格限制，不得僭越，于是，屋主的财富与审美品味就只能通过门、窗等小木作装修来体现了，所以门、窗特别是格扇就成为了民居装饰的重点位置和主要对象。清初戏曲理论家、装饰艺术家李渔的经典论著《闲情偶寄》独辟蹊径，总结出中国传统窗饰依附建筑结构的特点，表现出实用为先的功能性。李渔曰："窗棂以明透为先，栏杆以玲珑为主。然此皆属第二义，其首重者，止在一字之坚，坚而后论工拙。"他认为窗棂和栏杆的造型问题不是第一位的，最终的是坚实耐用，符合功能的要求。李渔设计思想的核心——坚而后论工拙，从而可以看出他对"坚"的推崇。他不仅仅是提出此种理念，还用实践证明自己的思想，他设计的暖椅、灯烛、笺简堪称典范。

到封建社会晚期，人们越来越多地在建筑中运用格扇，特别是在比较高档的建筑中，如宫廷、寺院、庙宇等建筑中普遍做格扇，而且格扇的纹样有很多种。在全国各地的民居中，很多都做支摘窗，有大有小，纹样有多有少，这是由各地的习惯和当地风俗人情来决定的。李渔在《闲情偶寄》中也说："吾观今世之人，能变古法为今制者，其惟窗栏二事乎。"南方气候温和，潮湿多雨，故在建筑中大量采用集墙、门、窗多种功能于一身又便于通风采光的格扇，在格扇的棂心、绦环板和裙板处多有精美的雕刻，是民居建筑物装饰的重点。在园林中还常有四面皆用格扇围护的厅、堂、轩、馆等建筑物，营建开敞的空间，将山林景色引入室内，称借景。北方气候寒冷，民居多选用保温性能较好的砖墙作围护，格扇和木制门窗的使用量和面积相对较小，窑洞则有精致的窗棂图案。

用传统工艺雕琢窗格图案的意境和景观，是画也是窗，是窗也是画，也只能在唐诗宋词里看到它的身影，在明清小说里体验它的意蕴。今天，在这个历史悠久和古文化灿烂的国度里，因追求现代，传统正被时尚取代，那种亘古传承、精深莫测的古代建筑艺术，正逐步被蚕食甚至流失。把窗棂这一独特的建筑装饰语言作为考察对象，因为它也是一种极其生动的艺术载体，相对于建筑上的纯绘画艺术形式，它牵涉了更多的实用需求成分，所以对传统窗棂进行系统地研究和阐述也就显得非常必要了。

## 第二节　窗的特征与形式

窗的位置是由建筑的特性决定的，在一些园林中，窗一般位于建筑的主要立面，窗用于建筑的两面或四面。古建筑中大多用木材作为窗的建筑材料，早期用木条固定于窗洞上就形成了窗。唐代以前，窗大多数不能开启，这种窗实际上就是立面上开的洞，唐代和唐代以前常常用直棂窗。唐宋以后，开启窗被大量使用，这使窗的种类、形式逐渐丰富起来。到宋代、辽也做直棂窗，但是带图案的装纹窗逐渐多了起来，金代大量发展格扇窗。由于，古时用纸糊窗，所以，窗的分格很细，玻璃在中国历史上很少用于建筑，直至明清时期，在皇家宫殿中有一些使用，但是精致繁缛的窗格并不适于玻璃的安装。而且在当时玻璃的生产属于手工生产，质地脆，价格高，所以玻璃没有作为建筑材料大量使用。窗的材料虽然看起来单一，样式相似，但是实际上变化还是丰富的，木构架的结构形式使窗可以连续组合，窗格的多样性使窗在简单中求变化，达到了形式的多样性。

古建筑中窗的常见形式有六种：

## 一、直棂窗

直棂窗是用直棂条竖向排列形成的窗，这种窗是固定窗，不能开启，主要出现在唐宋以前，明清主要用于次要房间。在我国古建筑中，直棂窗和板棂窗使用非常广泛，如宫殿、寺院、庙宇等多用这种窗。这些窗子的大样、窗台板，四个边框都做得整整齐齐，从春秋战国时期已经开始运用，到汉唐时代在更多处使用，到宋代《营造法式》就详细规定了直棂窗和板棂窗的做法，其中直棂窗被称为破子棂窗。以后，从辽代到金代以至元、明、清，各地各时代的寺院、庙宇的殿堂都运用直棂窗和板棂窗。

## 二、格扇窗

又称"格扇""长窗"，用木做成的柱与柱之间的隔断窗，这种窗的构造方式与格扇门是一致的，可以开启，也可以摘下。隔断窗可以联排安装，一般柱间安装四至

八扇。这是一种应用十分广泛的窗，其样式也十分丰富。其主要功能是透光通气，并做内外隔断用。（图2-1）

图 2-1　格扇窗
（清·何园）

### 三、支摘窗

又称"合窗"，一般为水榭旱船和房屋侧面的上摇窗。这种窗由两段组成，上段窗扇可以支起，下段窗扇可以摘下，便于通风、遮阳。这种窗在广州出土的汉明器中就有出现。

### 四、和合窗

主要用于南方住宅和园林建筑中，样式精细。一般分为上、中、下三扇，上、下扇固定，中间开启。

### 五、横坡窗

这是用于高大的建筑物，用于檐下。它发展甚早，汉代就有。为了避免门窗过于高大不便开启，将门窗分为两段，可以采光、通风。

## 六、漏窗

这是园林中亭、廊等处的窗洞。在江南园林中，窗格的种类十分多，在《园冶》就记录了十六种式样。在《园冶》一书中把它称为"漏砖窗"或"漏明窗"，"凡有观眺处筑斯，似避外隐内之义"。其主要功能是在园林造景、观景或形成对景。漏窗相对于空间来说，本身就是优美的景点，因为漏窗窗框内置多彩多姿的各式图案，在阳光的照耀下有丰富的光影变化，显得活泼动人，优美不凡。如何园西园的楼台虽然参差不齐，但却为四百三十多米的复廊连接起来，也就是"天下第一廊"的所在了。廊的东、南两面都开有漏窗，有折扇形、花瓶形、梅朵形、海棠形等，形态各异。从窗中向外看，窗子如同画框，可在何园的不同角度取景，被称作"天下第一窗"。（图2-2、图2-3）

图 2-2　漏窗
（清·何园）

图 2-3　漏窗
（清·何园）

　　漏窗花样繁多，最简易的漏窗是按民居原型，用瓦片叠置成鱼鳞、叠锭、连钱或用条砖叠置。（图2-4）明末造园家计成认为很一般化，所以他在《园冶》中另外例举了十六种式样。漏窗大多设置在园林内部的分隔墙面上，以长廊和半通透的庭院为多。透过漏窗，景色似隔非隔，似隐还现，光影迷离斑驳，可望而不可即，随着游人的脚步移动，景色也随之变化，平直的墙面有了它，便增添了无尽的生气和流动变幻感。漏窗很少使用在外围墙上，以避免泄景。如果为增强围墙的局部观赏功能，则常在围墙的一侧作成漏窗模样，实际上并不透空，另一侧仍然是普通墙面。

　　漏窗图案变化多端，千姿百态。漏窗本身和由它构成的框景，如一幅幅立体图画，小中见大，引人入胜。特别令人感兴趣的是，在同一园林中，不会有雷同的漏窗出现。（图2-5、图2-6）

＼扬州传统建筑装饰艺术研究

图 2-4 　瓦片漏窗
（清·汪氏小苑）

图 2-5 　条砖漏窗
（清·何园）

图 2-6 　条砖漏窗
（清·瘦西湖小金山）

## 第三节 扬州传统建筑中的窗

扬州是一座园林城市，其在中国古典园林中不仅历史悠久，而且以其独特的风格在中国园林中占有重要地位。扬州的个园、何园、徐园、小盘谷、汪氏小苑、二分明月楼等一些园林，其建筑装饰形式多种多样，和风景景观融为一体。置身于亭台楼阁中时，常被那些精工细刻、各式各样的窗棂纹饰所吸引，其蕴含了中国式园林之美。

### 一、扬州窗格的主要样式

扬州地处南北之间，形成北方官式风格与江南民间风格杂糅的建筑风格。清人钱泳评论："造屋之工，当以扬州为第一。"经过几百年的风风雨雨，这些现存的刻印着扬州历史文化的传统建筑，已属凤毛麟角。就目前来看，在建筑窗棂的研究方面，国内学者研究视角多数是在图案装饰层面和结构工艺上，流派主要分南北方，北方以皇家园林为主，南方以私家园林为主。侯幼彬在《中国建筑美学》中对窗棂的构成和变化模式进行了详尽的分解，将格心分为平棂构成和菱花构成两大类。平棂构成使用范围广泛，是民居、园林最常见的棂心构成方式，菱花构成是较高规格的棂心构成方式，常用于宫殿、坛庙、寺院等建筑。而扬州等地的窗棂艺术可以说是江南地区建筑窗棂的典型代表，扬州园林是北方皇家园林与南方私家园林之间的一种介体，其原因一是清帝南巡，四商杂处，交通畅通；二是南北园林匠师技术交流的结果。扬州园林既具有皇家园林金碧辉煌、高大壮丽的特色，又有大量江南园林中的建筑小品，自成一种风格。何园玉绣楼的方格玻璃窗外罩木质轴心百叶窗，窗洞上部亦为弧形砖拱券，但是砖拱券上方，仍沿用了中国传统的砖细窗楣，并且与拱券造型相协调，做成弧形。

　　古建筑中的木棂格窗，是古代广泛使用的窗户类型，在没有玻璃之前，多采用纸糊或者安装鱼鳞片等透明物质的手法以解决室内采光和保暖的问题。高级一点的糊纱罗，如《红楼梦》中提及的"茜纱窗下，公子多情"。这种限制要求窗格的制作尺度要小，所以，为了确保窗户具有一定的强度，人们普遍采用棂格窗。棂格窗不仅实用，还具有一定的装饰作用，窗格加以美化，人们创造出了菱纹、步步锦纹、几何纹等形式各异的窗棂纹样。传统窗棂装饰的特点，是"美"和"用"的统一。在窗棂中，线条的构成与运用变化万千，将纵横交错、直弧交替、疏密有致、粗细变化等诸多美学结构语言诠释得淋漓尽致。（图 2-7、图 2-8）

**图 2-7　窗棂装饰**
（清·瘦西湖）

图 2-8　窗棂装饰
（清·个园）

　　李渔在《闲情偶寄》卷四中认为窗格的样式主要有三种："窗栏之体，不出纵横、欹斜、屈曲三项。"

　　纵横格，亦即横竖棂子，系直棂条拼合成各类图形花样。例如一码三箭直棂窗，就是运用同样粗细的木条，等距竖排，组装而成。循此而进，尚有斜方格、豆腐块、回字、井口字、步步锦等图形。李渔认为纵横格"头头有笋，眼眼着撒者，雅莫雅于此，坚亦莫坚于此矣"。

欹斜格，宛如近人铺装斜纹木地板图案，用之窗格，为人意想不到，唯坚固度略欠。因此，由于"当于尖木之后，另设坚固薄板一条，托于其后，上下投笋，而以尖木钉于其上，前看则无，后观则有"，如此则可保欹斜格强度无虞。

　　屈曲格，弯曲似波浪的木条间隙镶嵌梅花图形。李渔在谈到其工艺结构时详述道："曲木入柱投笋后，始以花塞空处，上下着钉，借此联络，虽有大力者挠之，不能动矣。"看来，屈曲格是比较坚固牢靠的窗栏样式。

　　扬州传统民居的窗棂纹样图案，大致可以概括、归纳为下面几种结构和形式：

　　1．无中心式

　　并不注重构图中心的营建，以大面积疏朗均匀为特点，如直棂、方格眼、井口纹、卍纹、十字纹和锦纹等，大多出现于书斋、卧室等幽静处所（图 2-9）。

**图 2-9　窗棂**
（清·何园）

## 2.中心式

根据图案纹样组织的集聚和向心，构建成视域聚焦与视线停顿点，如步步锦等。并在图案纹样中心变化处理上颇多"变异"，利用棂格粗细、疏密、直曲、整与乱的对比差异，构成绚丽、华美的装饰意象。又因此类装饰性较强，故大都运用于厅堂及馆榭阁苑等中。（图2-10、图2-11）

图 2-10 窗棂
（清·何园）

图 2-11　窗棂
（清·何园）

### 3. 多中心式

此类窗棂图案纹样一般有两至三个重点区域，区域之图案节点也有差异对比的变化处理，以圆形、矩形、扇面形、六角形等格芯为常见，并予以精雕细镂，攒接考究、细致，风格纤巧精进，极具装饰意味，主要用于庭院建筑中。（图 2-12）

图 2-12　窗棂
（清·瘦西湖）

4. 交错斜棂式

斜棂式（有直纹和曲线纹两种）两端分别与反方向的斜纹交错接合，尤其是曲线纹斜棂更具动态效果，富有丰富的光影效果。

5. 文字与吉祥图案式

以篆文、瓦当文字纹、动植物纹纹样、器物纹样等为素材，进行窗棂创作和装饰。

窗棂制作工艺，大致有攒工、攒插、插接、打洼、窝角、起线等。

中国传统窗棂制作，工艺多，要求高。正如计成《园冶》中所说"凡造作难于装修"，门窗棂条交接处更应"嵌不窥丝"，从中可以看出当时窗棂制作的工艺和标准。

在窗棂装饰中，其图案的主题能反映门窗的文化寓意。门窗的雕刻内容，充分体现了人们的理想追求。这些图案多表现善男信女对美好生活的执着向往，与现实生活息息相关，如"竹报平安""马上封侯""花开富贵"等等。这类图案在门窗的雕刻中占有很大的比例，常常采用象征和谐音的手法来表达其蕴含的美好寓意。

在建筑中，窗的主要作用是通风和采光，为了使室内获取更多的光线，使空间更加明亮，空气更为流畅，窗格大都采用木制，所以，依附在窗棂上的装饰，通常以木雕为主。木雕主要的表现手法有透雕、深雕、浅雕、线雕、贴雕以及几种雕刻手法的混用。窗棂装饰大都采用镂空雕刻，并且镂空部分随着历史的发展越来越大。窗棂装饰选材的木材质地不仅要细密结实，还需要有一定的强度。门窗的雕刻部分使用的是结构均匀、纹理色彩柔和的木料。

## 二、文人眼中的窗棂

窗棂、窗格在中国历代文人诗人眼里，成为吟咏无尽的话语母题。东晋高士陶渊明靠着南窗借以寄托傲然自得的心情，深知在这狭隘的屋宇中就可安居："倚南窗以寄傲，审容膝之易安。"心契自然。南宋诗人陆游晚年奉召临安写就《临安春雨初霁》："小楼一夜听春雨，深巷明朝卖杏花。矮纸斜行闲作草，晴窗细乳戏分茶。"流露出丝丝超迈的意趣。

窗棂格是镶嵌在格扇栏窗中的棂格子，传统窗棂的图案造型由攒斗法拼成，有多种式样。经过长期的演变和发展，窗棂图案凝聚了深厚的民族文化背景和淳朴的民俗民风等文化寓意，以象征性的手法表现了人们对平安、幸福、欢乐美满生活的向往，是中国外檐装修门窗构件中最精彩的部分。

如果说中国古代文人对窗栏窗格的无限情怀和抒情表征大都是仅仅停留在诗文创作上的话，那么，李渔可谓是一个特例。他一心一意将自己的无限创意，通过实践行为将窗户的各种诗化的可能，淋漓酣畅地表达出来。例如，他在窗外设一长板，置放盆花、笼鸟、蟠松、怪石，常更换置之，独坐窗前闲赏；他取枯木数茎，制作天然之窗，取名梅窗。先以挺直老干不加斧凿，制成窗之廓边框。再取横枝，一头盘扎，一头稍平，分作梅树两株，一株上生倒垂，一株下生而仰接。"剪彩作花，分红梅、绿萼两种，缀于疏枝细梗之上，俨然活梅之初着花者。"见之者无不叫绝，他自己亦得意地说："后有所作，当亦不过是矣。"（图 2-13）

图 2-13　窗景
（清·个园）

图 2-14　窗影
（清·个园）

36 ＼扬州传统建筑装饰艺术研究

无独有偶，在窗牖上进行艺术创作的还有画家郑板桥。他于题跋中写道："余家有茅屋两间，南面种竹。夏日新篁初放，绿荫照人，置一小榻其中，甚凉适也。秋冬之际，取围屏骨子，断去两头，横安以为窗棂；用匀薄洁白之纸糊之。风和日暖，冻蝇触窗纸上，冬冬作小鼓声。于是一片竹影零乱，岂非天然图画乎？凡吾画竹，无所师承，多得于纸窗粉壁日光月影中耳。……影落碧纱窗子上，便掭毫素写将来。"（图2-14）

　　综上所述，明清文人雅士，恪守高雅的审美视野，崇尚简约隽永的意蕴，具有积极的意义。扬州民居园林的窗棂装饰已处于一种成熟的状态，在风格上南北融合，既有南方的婉约之美，又有北方的沉稳之韵。窗棂装饰是建筑内外环境装饰中的一个重要的装饰部位，人们采用象形、会意、谐音、借喻、比拟等手法，在门窗木雕装饰中创造出丰富多样的图案和题材。窗棂上的几何纹样美轮美奂，这些纹样的寓意直接或间接地反映出人们对美好生活的追求和向往。

# 第三章　栏　杆

## 第一节　栏杆概述

栏杆是中国传统建筑中最具诗情画意的部分。在古诗词中，对于栏杆有无数的吟咏酬唱，配合着春花秋月的景致，涌动着悲喜离合的思绪，抒写出种种诗意的情怀。如："解释春风无限恨，沉香亭北倚栏杆。"（唐 李白《清平调》）"春色恼人眠不得，月移花影上栏杆。"（宋 王安石《春夜》）"砌下梨花一堆雪，明年谁凭此栏杆？"（唐 杜牧《初冬夜饮》）"江南游子，把吴钩看了，栏干拍遍，无人会，登临意。"（宋 辛弃疾《水龙吟》）等等，不胜枚举。

古诗词中的众多描述说明了栏杆在中国传统建筑中应用的十分广泛，在室内、室外、台基、游廊、楼、台、亭、榭等建筑上到处可见。在我国古代建筑中，凡是楼房都要做栏杆。楼房上的栏杆是一种防护措施，又是一种装饰，可供人们欣赏，因而栏杆被做成很多花样，使之产生一种艺术效果。

建筑栏杆具有悠久的历史，在距今六七千年前的浙江余姚河姆渡新石器时期聚落遗址中，就已经发现了有木构结构的直棂栏杆。此外在周代铜器如春秋时期的方鬲上也有卧棂栏杆的图案。栏杆的应用始于汉代，那个时代栏杆的样式仅仅能从各地出土的明器的阁楼上看出一些，那个时候的栏杆还是比较简单的。汉代的画像石和陶屋明器中的栏杆形象更为丰富，其中栏杆的望柱、寻杖、阑板等都已经出现，望柱头端亦有装饰的迹象。至于阑板，其纹样也有直棂、卧棂、斜格、套环等数种。

到唐代、宋代，阁楼日益增多，登楼就必然要楼梯，有楼梯就必然要做栏杆，自然，栏杆的种类随之增多。古人建造出了许多楼阁式的佛塔，从而应用了许多塔梯，塔梯实际上就是楼梯。通过不断创新，塔梯的式样不断地增多。唐代的木构阑式富丽繁缛，寻杖和阑板上还绘制有各式彩色图案纹样；直到宋代，一层阑板"单勾阑"与二层阑板"重台勾阑"俱存，并趋于定型化。

到明清时期，楼梯、塔梯就更多了，栏杆也随之增加了。我国的民居，明清时期遗留下来的数量甚多。从全国来看，现在所见到的古代民居，几乎都是清代所建造的。明清时期的栏杆既有安装于走廊两柱之间的，如底层檐廊外端、二楼檐廊外端等各式半廊、全廊、回廊等处，也有设置于地坪窗和合窗之下的，以及栏杆式的木栏墙，更有挑出楼裙的栏杆以及靠背栏杆等，充分利用了木材力学特性，合理使用材料，从而达到争取使用空间的一个重要手段。栏杆似乎作为文学意象和礼制载体的身份远远超过了作为建筑构件的价值。正如萧默先生所言："大凡一种建筑类型在它主要作为观瞻性的建筑而存在、之具有精神性功能以前，总有一个主要作为实用性建筑，主要具有物质性功能的发展阶段存在。"明清时期在园林或住宅中砖砌的"花栏墙"，比较低矮，也是栏杆的一种变体；另外，园林建筑中一般可见一种木栏杆降低高度，可以兼作坐凳使用，称为"坐槛"；清代皇家陵墓在一些小型石造平桥上，有一种不用望柱，完全使用高低不同的素面石栏板相接作为桥栏式样，俗称"罗汉栏杆"。这些都是栏杆的实用变体，它们因不同的场所、不同的使用目的，因需而变，应运而生，反映出设计者头脑灵活、不拘一格的才智。

关于栏杆的实际用途，梁思成先生在《石栏杆简说》一文中说道："栏杆是台、楼、廊、梯，或者其他居高临下处的建筑物边沿上防止人物下坠的障碍物；其通常高度约合人身之半。栏杆在建筑上本身无所荷载，其功用为阻止人物前进，或者下坠，却以不遮挡前面景物为限，故其结构通常都很单薄，玲珑巧制，镂空剔透的居多。"除了这样的实际用途之外，对于生活中的栏杆，人们凭之倚之，歌之咏之，赋予栏杆特定心理含义和审美价值。庙堂宫殿高台上的栏杆，则重重耸立，巍然而护，有效地渲染了中国传统建筑的宏伟肃穆的一面。栏杆常装在亭或廊的柱间与地面相接处，起到维护与坐憩的功用，也可装在地坪窗、和合窗下代替半墙以利通风。栏杆常与挂落配合，纹样形式协调统一，上下呼应，起着丰富和装饰建筑立面作用的同时还起着空间界定作用，并且犹如精美的边框，提供了框景的观赏效果。

中国古代建筑中栏杆的重要性，或者说栏杆何以成为中国古代建筑中的主要构件之一，最主要的原因在于它与中国古代建筑立面三要素中（屋顶、墙身、台基）的台基有着密不可分的关系。正如李允鉌先生在《华夏意匠》一书所指出的那样："'栏'必然随着'台'而至，台基的形状和构图主要通过栏杆而表现。其次力求'空间的流通'是中国建筑的一种基本设计意念，在空间的组织和分隔上，常常要有规限而又不封闭视线，因此使用栏杆的机会也是特别多的。由于使用的机会多和在视觉中地位的重要，很自然会把栏杆的设计重视起来，促使它在构造上和形式上都发展到一个很高的水平。"①中国古代的礼制体现和贯穿于中国古典建筑的每个部分，栏杆的使用也不例外。园林建筑和居住建筑中栏杆大多是木质的，一般较为简单素雅，而官式建筑的栏杆多用石材，雕刻精美，装饰也比较细腻丰富。通常也可以由栏杆的做法形式和风格来区分相关建筑物的等级。

## 第二节　栏杆的种类和装饰

最早栏杆写作"阑干"，"横木为阑，纵木为干"，可见早期的栏杆都是木质的，后来制作材料多样化，有木栏杆（图3-1）、石栏杆（图3-2）、砖栏杆（图3-3）、竹栏杆、琉璃栏杆等等。从功能区分，有用于高处建筑周围的护栏，有用于游人休息的坐凳栏杆，有设于临水建筑，供人斜倚远眺的靠背栏杆，有用于台阶两侧的垂带栏杆，等等。从形式区分，又有寻杖栏杆、直棂栏杆、勾栏栏杆、栏板栏杆、花式栏杆等多种类型。花式栏杆的特点是将整个栏杆心做成透空的几何纹样，这些纹样用棂条拼接而成，虽多为直线条，但由于设计的巧妙，线条长短、疏密穿插自由，形成千变万化、丰富多彩的图案，有的还被赋予吉祥寓意。花式栏杆在住宅、宫殿、园林中都广泛应用，与格扇门与格窗图案风格相近，遥相呼应，为中国传统建筑装饰增添了几分灵透的韵味。

---

① 李允鉌《华夏意匠》，天津大学出版社 2005 年版

图 3-1　木栏杆
（清·卢绍绪宅院）

图 3-2　石栏杆
（清·普哈丁墓）

图 3-3 砖栏杆
（清·何园）

栏杆最初为木质，石栏杆出现较晚，其构造和雕刻都是从木栏杆演变而来。明清时期的石栏杆用整块石板模仿宋代木栏杆的形式镂雕，称栏板；板间立石柱，称望柱。栏板、望柱间用榫连接，一般为均衡的一板一柱相间，望柱头多雕刻各种装饰，加工精致。石栏杆的造型和做法随着时代的变化而有所差异。宋代李诫《营造法式》卷三，记载石作制作中的造钩阑之制为："重台钩阑每段高四尺，长七尺。寻杖下用云拱瘿项，次用盆唇，中用束腰，下用地栿。其盆唇之下，束腰之上，内作剔地起突华板；束腰之下，地栿之上，亦如之。单钩阑每段高三尺五寸，长六尺。上用寻杖，中用盆唇，下用地栿。其盆唇、地栿之内作万字，或作压地隐起诸华。"现存的石栏杆大致可以分为三种：一、用望柱及栏板者，数量较多，也是最通常的做法。二、使用长石条而不用栏板者，是一种比较简易的做法。三、只用栏板而不用望柱者。本文主要介绍第一种类型。石栏杆在明清官式建筑中均有定型化的做法，各种尺寸、雕刻方法、样式都有一定之规，故雕刻部分只用在望柱头上变化形式，而变化的选择正是建筑环境的需要。比如，清代官式栏杆的望柱是用很高的圆筒形，柱头的花纹以龙、凤、云纹居多，等级较高，而园林建筑中则多用狮子柱头（图3-4）、石榴柱头（图3-5）、火焰式柱头等。[①]石栏上多雕刻各种花纹，赋以一定的含义。"雕栏玉砌"雕琢的石栏便称雕栏。中国的雕栏富有艺术性，石栏杆的端部还有雕刻精致的各种抱鼓石刻，如卷花抱鼓、海日抱鼓、太极抱鼓等。

图 3-4　石栏杆狮子柱头
（清·瘦西湖绿荫馆）

图 3-5　石栏杆石榴柱头
（清·徐园）

---

① 王秀荣《清西陵古建筑中的石栏杆》，《文物春秋》2011年第2期。

在栏杆的起始和终结收尾之处，"多半还有附加另外的图案作为引导和收束，常见的就是在几层卷瓣之上放置圆形'抱鼓石'，也有用水纹或者瑞兽作为主题的。所以如此，充分表明在任何中国建筑的构图上都是有'始'有'终'，很少突然而来以及突然地消失"[①]。亦即我们平时在设计施工中常说的起步、收头交代清楚的意思，实质上反映了中国文化重圆通、讲系统的整体思维意识。从栏杆的构成来看，通常可以分为栏杆扶手（寻杖）、下面的栏板和两旁的望柱。望柱又可以分为柱身和柱头两部分。作为低隔、倚靠的隔离构建的栏杆，因使用场所的不同而产生一定的差异，江南地面通常在面街临水而居的房屋窗外结合设置栏杆及靠背，各地庭院建筑中的处理，更是形式多样、轻巧灵活。譬如，在近水的厅、堂、亭、轩、阁、馆、廊、斋、台、榭等处，在临水一方设置木制曲栏座椅，同时强化了建筑外观的变化，为房屋形态面貌增添了意趣。一般在建筑的窗户下槛墙处安装栏杆与护板，夏季拆卸去护板以裨通风纳凉。建筑栏杆中低者谓之半栏，上设坐槛，又称栏凳。此类大多以木构出之。木制栏杆式样繁多。其栏板部分常见的有冰裂纹式、拐子纹式、井口字式、套方式、凹字纹式、锦葵式、条环式、笔管式、尺字式、镜光式、短栏式、卍式、回纹式等。最讲究的当讲各类花式，以花卉、植物、祥瑞等纹样为主，匀称细密，流畅对称。

---

① 李允钚《华夏意匠》，天津大学出版社 2005 年版。

## 第三节 扬州传统建筑栏杆

栏杆常装于廊、亭等的柱间，按其不同形式可分为钩栏、半栏和美人靠三类。《园冶》中说："栏杆信画而成，减便为雅。古之回文万字，一概屏去，少留凉床佛座之用，园屋间一不可制也。予历数年，存式百状，有工而精，有减而文，依次序变幻，式之于左，便为摘用。以笔管式为始，近有将篆字制栏杆者，况理画不匀，意不联络。予斯式中，尚觉未尽，尽可粉刷。"栏杆在园林中也有两类功能，一是物质的，二是精神的。栏杆的物质功能其实比较简单，就是分隔空间的，如坐凳栏杆、美人靠等。

### 一、扬州园林中的美人靠

在园林里，栏杆还起到一种构图作用，在厅堂与廊庑之间安设栏杆，也可以供人临时性的坐一坐，是临时的休息点，这里的栏杆叫坐凳式栏杆，例如扬州园林的

**图 3-6 坐凳式栏杆**
（清·徐园）

长廊就属此类。因此，在古代建筑群中的栏杆是不可缺少的，也是普遍存在的。（图 3-6）

　　所谓的美人靠，就是给坐凳栏杆加一个靠背，它也是栏杆的一种形式，主要用于人们在游园疲累时临时在这里坐坐，稍微休息。美人靠的靠背不是直立的，而是略向后仰的，人们坐在之上可以向后仰、向后靠。（图 3-7、图 3-8）美人靠的靠背有曲线，靠在那里会觉得十分舒服。美人靠主要是用于园林亭厅、廊榭、殿阁等地方，在南方园林之中有栏杆处，基本上都做有美人靠，优美的风景点是设美人靠最适合的地方。美人靠是一种靠背栏杆，其构造与钩栏相似，不同之处在于高度较低，并且断面不是竖直的，而是呈曲线状的。美人靠的安装方式与钩栏和半栏均不同，其下部一般用小脚以榫卯方式装在坐槛上，便于拆卸，上部则通过于盖挺上嵌挂钩与木柱相连。美人靠做的形式也有比较特殊的，如扬州个园"宜雨轩"外廊的美人靠，部分夹堂与总宕，也没有下脚，而是直接装在坐槛上。在江南水乡城镇中，鹅颈椅经常用于沿河的廊道一侧或是民居的楼层中。鹅颈椅不仅形式美观，而且因为传说春秋战国时期吴王夫差和西施游赏观景时用来作为休息依靠的，因为传说的添色更使其有了深厚的人文内涵，作为一种建筑装修构件借鉴到江南园林中，发展出各种形式，纤巧细致，曲态可掬。（图 3-9）南方园林多，天气又炎热，人们进园时间长，所以美人靠非常多，因此可以说美人靠是南方的特色。扬州园林里的美人靠做得很有讲究，基本上都利用亭子间立柱的空间，在应当做栏杆的部位不做栏杆，而直接做美人靠，而且美人靠都与坐凳相连。美人靠靠背的纹样有很多，其中用的最多的就是横竖相交的纹样。

美人靠（清）

美人靠这一古建筑设施在江南各地应用十分广泛，且形式丰富多彩，大凡重要的亭子厅堂均有美人靠的安设。美人靠在北方极少见，可以说基本没有。

栏杆的精神功能，一是其造型美，无论是石栏杆、木栏杆、竹栏杆、铁栏杆等，其造型美法则都是一样的：比例、尺度、虚实以及环境等，都须注意。栏杆的第二个精神功能是在寄情。园林艺术的情态性，往往寄情于诗情画意。古时候造园者多为诗人画家，园中设栏杆，多寄情于诗词，所以唐诗宋词，多写栏杆。栏杆之所以能触发人们的种种情思，是与它的位置分不开的。登高临远，极目而眺，视野骤然开阔。《楚辞·九怀·匡机》："抚槛兮远望。"汉代王逸《楚辞章句》："登楼伏楯，观楚郢也。"登高总能给人与平时在狭小空间里截然不同的审美感受，分析登高的心理，有助于理解人们对栏杆的感情。在特定的视野中，人对自身的关照也会发生变化，"穷睇眄于中天，极娱游于暇日。天高地迥，觉宇宙之无穷；兴尽悲来，识盈虚之有数。"（王勃《滕王阁序》）此其一。其二，登高临远，容易触发家国之思。其三，独上高楼，望断天涯，无限愁怨。栏杆之所以含义丰富，忠臣、烈士、美人才子一起构成了"倚栏""凭栏""拍栏"等，都是由于在登高临远之思被触动的时刻，给人一个实际的和心理上亲近的依靠点。在水榭游廊之侧的栏杆，因水生情，它自然而然就成了寄托情思的对象。这也是栏杆魅力的一个关键点。

## 二、扬州园林建筑灵活实施

在园林的各式曲廊中，作为装修部分的柱间的挂落与栏杆均依照廊的曲折变化而随形就势，装修的这种灵活性并不是随意的，曲廊的装修依随其曲势而变，这种依随关系，就暗含着一定的条理，就如同园林布局一样，"必使曲折有法"，都是由一定的意匠作为指导的。计成在《园冶·装折》中提出园林建筑的装修设置应当"曲折有条，端方非额，如端方中须寻曲折，到曲折处还定端方"，既要在曲折变化中遵循一定的条理，同时又要于整齐划一中寻求相应的变化，是对于条理与变化的辩证论述。扬州瘦西湖静香书屋的曲廊体现出了条理中的灵活自由实施的特点，这样既不会因完全遵循条理导致程式化而显得呆板，也不会出现完全的自由而显得杂乱无章。

有的时候栏杆呈连续的曲线状使用，形成一个带状空间，起到联系沟通、完整构图的目的。颐和园前山昆明湖边的栏杆，犹如一条洁白的玉带把前山的诸多建筑和景致连缀起来，同颐和园的长廊相互呼应，形成前山

图 3-10　栏杆
（清·何园）

图 3-11　栏杆
（清·何园）

观赏湖光山色的最佳场所，同时也限定出曲线曼妙、疏密有致的主要交通空间。还有一些园林里的栏杆，配合逐层亲近水面的平台，在不同高度错落布置。栏杆的样式虽则相通，却创造了层次感非常丰富的空间，如扬州何园里的栏杆。这样的布置加强了空间的深度感，使人更乐于流连其间。（图 3-10、图 3-11）

　　栏杆造型要表现连续，避免零乱、琐碎和怪形、扭曲。栏杆形式设计缺少章法，过多的华饰和过于繁琐都造成零乱、琐碎形象。栏杆设计还要采取一些建筑艺术的手法使之虚实相同，产生渐近或渐隐、统一或多变的节奏。

　　一个时代的建筑反映着一个时代的人文艺术特征。扬州是园林城，园林建筑多为当年文人再次营构，人们把对大自然的感受用写意的手法再现于园林建筑中。一楼一堂、一亭一廊，均以富于绘画意趣的形象与其他造园要素艺术地组合在一起，体现出对自然意境的追求。明、清时期的江南园林，代表着国内古代风景式园林营造的最高水平，在国内乃至世界的古典园林史上都占据

\ 扬州传统建筑装饰艺术研究

着十分重要的地位。在江南园林中，精美合宜的园林建筑装修是形成其整体风格的一个不可或缺的精华部分。观扬州园林后不得不为造园者对栏杆设计的匠心所叹服，把局部美和群体美巧妙地连成一个整体，虚实结合，景有尽而意无穷。

# 第四章　叠石假山

## 第一节　叠石假山溯源

中国的叠石假山其发展历程,可以追溯到商、周时期。当时的园林称"苑"或"囿"。苑囿是古典园林的雏形阶段,尚不具备园林构成的全部要素,仅有狩猎、生产、祭祀、游乐等功能。台是苑囿中的主要建筑景观,方形台基以大量土方堆砌而成,兼有通神、游赏的双重功能。台是巍巍山岳的象征,是源于"万物有灵"观念的"山岳崇拜"现象。据史料记载,商纣王曾在朝歌筑鹿台,"七年而成,其大三里,高千尺,临望云雨"(刘向《新序·刺奢》)。周文王也曾在灵囿中筑灵台,出于爱惜民力的考虑,灵台的体量远逊于鹿台。春秋战国时期,吴王阖闾曾在灵岩山建姑苏台。此台借自然山川成景,气势恢弘,峰峦奇石,蔚然深秀。灵岩山流传至今的景点有西施洞、琴台、梳妆台等。可知,当时已对假山有一定意识,为后世的假山的发展提供了一定的基础。

秦汉时期,宫苑是供皇帝行猎、游乐的大型园林。苑内仍聚土为山,并发展出池中筑岛的做法。秦始皇统一中国以后,经济文化得到了快速的发展。他迷信神仙方术,在咸阳兰池宫中挖池筑山。池中筑有三个小岛,分别命名为蓬莱、方丈、瀛洲,以此模拟神话中的东海仙山。西汉建章宫的太液池承袭秦制,也在池中筑三山。

由此可知，秦始皇时代已经开始在园中堆造假山，其假山大都为绵延数里或数十里的山冈式造型；过分追求自然，而不能提炼和吸收山水的真正精髓。这种"一池三山"的造园模式，一直为历代皇家园林所沿袭，影响着后世的造园活动。至汉初，置石叠山已初见端倪。据史料记载，梁孝王刘武的兔园内有许多人工堆砌的石景，如落猿岩、栖龙岫、肤寸石等。肤寸石是我国有历史记载的最早石山，在夯山基础上用土、石堆砌而成。

西汉时期，石景在私家园林中得以发展。以将水池山发展成为水陆山或陆山。当时的假山大都是以自然山形为蓝本，以真山形象为依据。至东汉，私家园林进一步发展。大将军梁冀在洛阳是私园，不仅有相当规模，而且有以自然真山为蓝本筑造的假山。《后汉书·梁统列传》有载："又广开园囿，采土筑山，十里九坂，以象二崤。深林绝涧，有若自然。"可见汉代的叠山造景已初具规模。

魏晋南北朝是中国园林的转折时期，因其受到玄学和佛学的影响，文学艺术脱离功利主义及应用性而转向佛学艺术的趋向，表现出了悠久的意境，而且将这些思想注入了园林假山中。园林规模由大趋小，造园规划由粗放趋精细，造景由再现自然转向表现自然。当时已能有意识地运用假山、水石、植物与建筑的组合来创造特定的景观。据史料记载，梁湘东王萧绎的湘东苑中，大型假山的山洞长达二百余步，石景与花木、水景、建筑配置，经整体规划，营造出有一定主体性的景观。这一时期，还出现了单块孤赏的特置石，使假山更富有欣赏性，有极强的观赏价值。

隋唐时期，皇家园林仍沿袭秦汉"一池三山"旧制。

隋炀帝在洛阳建有御苑，称之为西苑。据《隋书》记载：西苑规模宏大，内有浩瀚的"北海"，海中有高耸的蓬莱、方丈、瀛洲三岛，岛上建有台观楼阁。唐代大明宫后苑有太液池，池中也有蓬莱诸山，山上还配置众多花木，尤以桃花为盛。唐代文人园林兴盛，石景向文人化的方向迅速发展。这一时期，堆山技艺已相当发达，石景类型也更加丰富，有全用土堆成的土山，全用石堆叠的石山以及石、土相间的土石山，单块或拼接的石峰应用广泛。文人以赏石为雅趣，搜求奇石蔚然成风。唐代权贵李德裕的平泉庄中，搜集了许多珍稀怪石，如礼星石、醒酒石、狮子石等，顾名思义，可想见其状。太湖石早在唐代便用于造园。

至宋代，在园林中堆叠假山已非常普遍，特置的单块石峰也广泛应用。园林造景手法不断丰富，促进了石景的进一步发展。北宋艮岳是一座精心规划、按图施工的大型人工山水园，宋徽宗曾亲自参与筹划兴建。艮岳代表了北宋人工山水景观的最高成就，在技巧和艺术造诣上有诸多创新。宋代的文人园林已趋成熟，文人的恋石情结更加浓厚。北宋书画家苏轼首创以石、竹为主题的画体。米芾嗜石近于疯狂，每遇奇石必衣冠揖拜，以"石兄"相称。南宋的平江、吴兴处于太湖之滨，因取石便利，当地园林大量使用太湖石堆山。叠山发展成一门专业技艺，并出现了以此为业的"山匠"。

明清时期，民间造园活动频繁，置石叠山在广泛实践的基础上发展，技法与艺术造诣炉火纯青，并形成各具特色的地域风格。这一时期，文人在官场中的地位发生了很大的变化而且愈来愈明显。在许多士大夫的庭院园林中都建有他们自己的特色假山，将其地位和权力表现得淋漓尽致。上至天子，下至文武大臣，都是很了不起的书法家和画家，而且都直接参与叠山实践，促进了叠山的经验总结和理论研究。不少文人画家同时也是造园家，而造园匠师也多能诗善画。清代，以扬州八怪为代表的一批文人画家参与造园叠山，并将自身的精神追求与审美情趣融入其间。例如扬州片石山房的假山，被誉为石涛和尚叠山的人间孤本。这一时期，文人在广泛参与叠山实践的基础上，总结经验，发展理论研究，许多有关园林石景的论著问世，如明代计成的《园冶》、文震亨的《长物志》、林有麟的《素园石谱》、清代李渔的《闲情偶寄》、钱泳的《履园丛话》、王寅的《冶梅石谱》等。明末出现了许多名噪一时的叠山匠师。明末叠山大师张南恒，不拘前人成法，主张土山带石，将真山的经典局部裁移入园，或平岗小阪，或陵阜陂陀，无不蕴涵真趣。康熙时期，皇家园林的石景向民间取法，张南恒之子张然应召入京，成为皇家御园的设计师。北京的皇家园林和王府园林中，许多假山出自张然之手。清道光年间出现了另一位叠山大师戈裕良，进一步继承和发扬了张南恒的造园技艺，苏州环秀山庄的大假山为其代表作。

叠石作为园林建筑元素的一部分，传承了原有的风格，汲取各朝代的精髓。

## 第二节　假山叠石的形式和特征

园林假山作为空间形体与体量，按当时的社会地位与政治地位及经济条件，可分为四种类型：第一种是皇帝御园的大型园林假山，如唐代的大内御苑、宋代的艮岳等；第二种是官宦贵族的大型假山园林，如唐代王维的辋川别业、李德裕的平泉山庄，宋代司马光的独乐园等；第三种是士大夫的中小型园林假山，如宋代苏州苏舜钦的沧浪亭；第四种是民间置于几案观赏的盆山、盆岛，通称盆景假山，即今日的山水盆景。这些假山，都趋向以石为本，更以久经风雨侵蚀、造型尤奇、耐人赏玩的峰石为追求对象。可见当时的文人、官僚、地主，在他们的生活、生涯中，都把安乐与山水园林的住宅，与文学艺术渗透在一起，不仅在山水绘画中，提出了"移天缩地""小中见大"的理论；而实质上，通过造园的实践，山水园林的景观都浓缩了真山真水之趣，使山水园林意境艺术的理论不断完善。假山，作为山水园林的骨骼，当然首当其冲的是在这种以比例形象意境的现实，与抽象艺术理论的指导下，在不断向前发展。选石，已成为造园叠山的一项素养。从历史资料的考证来看，如宋代杜撰的《云林石谱》一书，详细描绘了116种石材的品选艺术，把石名、产地、色泽、形态等都作了详尽的记载与评价。品石叠山，以江南地区尤甚，相应地出现了专以叠石为业的工匠，"工匠特出吴兴，谓之'山匠'"（《癸辛杂识》）。苏州地区有所谓之"花园子"（《吴风录》），扬州称"石工"。园林叠石技艺水平大为提高，人们亦更重视石的鉴赏品玩，以及多种《石谱》的出版，都为园林的广泛兴造，提供了技术上的保证，也是当时造园艺术成熟的标志。北宋亡于金，金代将北宋汴京艮岳的假山石全部拆迁到金都（今北京）。现今北京北海公园的湖山地形，基本是金代遗物，特别是其湖上的假山石，以后又历经元、明、清三代流传至今。元末江南，亦曾兴建园林，但为数很少，而以苏州狮子林最为出名。明代时江南园林的一个极盛时期，兴建了许多私家园林，尤以苏州为集中，并开创了"祠堂、义庄园林"。所建造的第宅园林，位于城区居多，造园叠山最有名的，为南京的瞻园，无锡的寄畅园，扬州的休园、影园、嘉树园、五亩之园，苏州的拙政园、留园、西园、恰隐园、艺铺、芳草园、五峰园等，同时出现民间小庭院，掇石布景，广泛发展，可谓星罗棋布，遍地开花；相应推动假山叠石艺术的发展与演变。清代，扬州的个园、何园、小盘谷较为突出。

## 第三节　扬州园林中的叠石假山

扬州是一个历史悠久的古城，很早以来就多次出现繁华景象，在历史上曾成为我国经济最为富裕的地方。物质基础的雄厚为扬州园林艺术的发展创造了极为有利的条件。陈从周先生说："文化不断交流，又产生了新的事物。在造园中又有南北方园林的介体扬州园林，它既不同于江南园林，又别于北方园林，而园的风格则两者兼有之。从造园的特点上，可以证明其所处地理条件与文化交流诸方面的复杂性了。"（《园韵》）

"扬州以名园胜，名园以叠石胜。"[1]其中以扬州个园的叠石假山最为特色。

### 一、个园叠石假山——春、夏、秋、冬

清嘉庆二十三年，扬州两淮盐总黄至筠在明代寿芝园的旧址上进行重建。黄至筠认为竹本固、心虚、体直、节贞，有君子之风；又因三片竹叶的形状似"个"字，

---

[1]　陈从周《中国园林》，广东旅游出版社 1996 年版。

取清袁枚"月映竹成千个字"的句意命名为"个园"。苏东坡曾说："宁可食无肉，不可居无竹。无肉令人瘦，无竹使人俗。"道出了园主人以竹命名的本意。

个园的四季叠石假山构筑，布局之奇、用石之奇，在中国园林中可谓惟一孤例。

以布局之奇而论，在一个面积不足3.3公顷的园子里，竟然极其巧妙地安排成春、夏、秋、冬四个叠石假山区。全园以宜雨轩为中心，由宜雨轩南开始，顺时针方向转上一圈，春、夏、秋、冬四季景色便依次观赏一遍，好似历经了一载。

以用石之奇而论，为了突出四个季节的不同特点，园主人大胆采用能体现季节特色的不同石料，这在中国园林假山构筑中，也是绝无仅有的。为了体现春天的季节特点，采用十二生肖象形山石，象征春天的到来，各类动物已从冬眠中苏醒，即将活动频繁。其余山石，多采用竖纹取胜的笋石，丛植修竹千竿，露其峰头而掩藏石身，给人以虚实变化的印象，达到"寸石生情，以少胜多，以简胜繁"的艺术效果。（图4-1）为了体现夏山的夏季特点，造园者采用玲珑剔透的太湖石，充分发挥太湖石多变多姿、八面玲珑的特色，与山前的池水相结合，产生虚虚实实、实实虚虚的境界，从而突出了南方之秀。（图4-2）为体现秋山的秋季特点，造园者特意采用黄石，在堆叠上引借国画的劈法，烘托出高山峻岭的气派（图4-3）。秋山是全园的高潮，故山形堆筑得特别雄奇挺拔，山道盘旋崎岖，好似缩小了的安徽黄山。为了体现冬山的冬季特点，特地采用颜色洁白、体形圆浑的宣石（雪石），并将假山叠至南墙北下，给人产生积雪未化的感觉。部分山头则借助阳光的照射，放出耀眼的光泽，这样既

扬州传统建筑装饰艺术研究

突出了山峰之高，又增加了雪的质感。雪山由于受到空间的限制，故采用贴壁叠石的手法，以获得小中见大的效果。（图4-4）

个园（清）

图4-1 春山　图4-2 夏山
图4-3 秋山　图4-4 冬山

总之，个园假山构筑，立意新颖，布局奇特，章法不谬，配景奏效，大小兼有，繁简互用，虚实相生。运用一年四季不同的季节特点，把整个园子划分为大小不同、性格各异的四个空间，由于四季假山景观的迥别，游人观赏四季假山景观时，自然产生四种不同的感觉："春山烟云连绵，人欣欣；夏山嘉木繁阴，人坦坦；秋山明净摇落，人肃肃；冬山昏，人寂寂。"本来人们对春山的"欣欣"，对夏山的"坦坦"，对秋山的"肃肃"，对冬山的"寂寂"，都是在一年四季里的不同感受，而个园的构筑者却把它们集中在同一个空间和同一日的时间里，其构思可谓高超之极。四季假山用一条高低曲折的循环观赏路线，共同组合成一个密不可分的整体，从欣欣向荣的春山，可透视苍翠欲滴的夏山；夏山过后，即是"万山红遍，层林尽染"的秋山；而从秋景东峰下山，则可望及"皑皑白雪"的冬山；而在冬山西墙开两个圆形漏窗，远远招来春山修篁树竿、石笋一枚，把冬春两景既截然分隔，又巧妙地互借而连接起来使人盎然想起"冬天来了，春天还会远吗"？冬山虽然是全园的"结局"，却仍然余味萦绕心怀，有"曲虽终而余音未了"的韵味，其结尾的手法极其高超。由于春、夏、秋、冬四山的景色是沿环形路线安排的，来回数遍，好似经历着周而复始的四季气候的循环变化，大有无止无境之意。

所谓四季假山，实际是以分峰叠石之法，利用木石之间的不同搭配，幻化出春、夏、秋、冬四季景色。以青竹配笋石，道是"春山笋石参差，修篁弄影"（图4-5），意寓雨后春笋的模样，是为春景；以湖石叠山，山中有洞，中空外奇，配之小潭清碧，取意夏云多奇峰，是为夏景（图4-6）；以黄山石堆山，配之丹枫，又于山巅处建亭，临亭俯视，黄石丹枫，倍添秋意，是为秋景（图4-7）；而最富想象力的大概要算冬景了，以雪石堆造的假山，

个园（清）

图 4-5　青竹笋石　图 4-6　夏云……

图 4-7　黄石丹枫　图 4-8　雪石……

迎光时闪闪发亮，背光则幽幽泛白，让人联想残雪未消的样子。后墙上再凿二十四个风洞（图4-8），以应"北风呼啸雪光寒"之意。冬山的西墙上又留漏窗，凭窗可见花丛竹径，似迎春有径，呼之欲出……

四景与四季既不重形似，自然是在于"意"了。个园的深层含义又是什么呢？

以四景喻说四季，实际上是把"历时"的四季，圈进了"共时"的小园之中。四季的更迭，标志着时光的流逝。但如果"共时"地拥有了四季，那便意味着控制了四季更迭，进而也便拥有了时光，变成了往来四季之间，可以任意穿行的悠闲漫步。春、夏、秋、冬，只是园中四景间的一种"换喻"形式，它们近在咫尺，彼此相接，循环往复……于是，四季叠石假山便仿佛成了可以留得住似水年华的时间机器。这让人不禁想起博尔赫斯笔下那不为时光所囿的"交叉小径的花园"。个园在其深层意义上，亦是时光之园。

决定园林艺术感染力的因素，无非是形、色、生、香四方面。形、色诉诸于视觉，声诉诸于听觉，香诉诸于嗅觉。其中尤以形、色的范围最广，影响最大。在园林空间中，无论叠石山景、水景、花木、动物、建筑，主要都以形、色两项最动人。因而造园者对园林色彩的选择，也就寄托了他们各自的思想感情，刻意创造"以色传神，以色抒情"的作品。然而，山景色彩比较单调，除扬州个园的四季假山予秋山以赭色，予冬山以白色以表现季节特点外，一般都以灰青色或土黄色居多，色彩变化不多。此为扬州个园假山亮点之一。

自然界的万籁之声，可通过不同的方式借来为我所用，以构成园林风景的"小夜曲""轻音乐"。"形"和"色"

都是可以看到的，也是造园者惯用的表现手法。但怎么才能把转瞬即逝的声音运用到造园之中的呢？南墙之上的圆形孔洞，共分为四排，每排六个，总共二十四个，每个孔洞直径约一尺，分布均匀，排列整齐。冬为岁尾，你会很自然的联想到它代表了一年二十四个节气，不过在这里它可不仅仅转达了岁月的变迁，而是设计者最为独特也最有想象力的安排。这些孔洞被人称为"风音洞"。冬山处于花园的最南边，风音洞所在的高墙和个园三路住宅的后墙形成了一条狭长的通道，风从高墙窄巷之间擦墙而过时，会形成负压，加快流速。这时墙上四排孔洞，就好像四支等待已久的横笛，呼呼作响，发出北风呼啸的声音，奏响了冬的乐章，给人以寒风料峭的感觉。风音洞所在的位置按常规做法应该设置花窗，但宣石体态浑圆，形似雪堆，又间以杂色，如果只用一段粉墙又未免过于单调，在这里造园者非常有创意地用最简单的几何图形"圆"造成孔洞，即代替了花窗，又借来了"寒"风，真可谓匠心独运。此为扬州个园假山亮点之二。

十二生肖闹春图。过月洞门，卵石湾道两侧有百年桂花树十余株，植于湖石围点的花坛内。东南有以"透风漏月"厅西墙为依托用湖石贴成龙形小山，余势与花坛绵延相连，花坛内亦有数米高的湖石耸立。造园者为了进一步渲染春的气息，这里所用的太湖石形态别致，酷似各种姿态的动物，以贴山、围山、点石等手法构成了一幅"百兽闹春图"，亦称为"十二生肖闹春图"。不过在此我们可不能只看"热闹"哦，此景在热闹之余，还另有一番深意的。翻开中国园林发展史就可以知道了，园林最早雏形为园囿，《诗经》毛亨传曰："囿，所以域养禽兽也。"也就是说，最早的园林是以散养各种动物为主的。原来这些神态各异的动物不仅为我们传达了春的信息，还悄悄地提醒我们在欣赏美景的同时不要忘了中国园林的渊源。园门内外，同是春景，意境却全然不同了。刚才在门外还是早春光景，到了门内，已经是渐深渐浓的大好春光了。令人惊奇的是，这种变幻，是在你不知不觉间自然而然完成的。此为扬州个园叠石假山亮点之三。

## 二、何园叠石假山——片石山房

　　钱泳在《履园丛话》卷二十中说："扬州新城花园巷，又有片石山房者。二厅之后，湫以方池。池上有太湖石山子一座，高五六丈，甚奇峭，相传为石涛和尚手笔。"约在四十年前，陈从周先生实地考察后，曾在 1962 年第 2 期的《文物》杂志上发表了《扬州片石山房》一文，他说："可以初步认为片石山房的假山出石涛之手，为今日唯一的石涛叠山手迹。……它不但是叠山技术发展过程中的重要证物，而且又属石涛山水画创作的真实模型。作为研究园林艺术来说，它的价值是可以不言而喻的。"

　　石涛是清初画坛上一位杰出的画家，明朝宗室的后裔，明朝灭亡之后，为避免清统治者的迫害，出家为僧。亡国之痛使之寄情山水，并在叠石时将胸中郁愤转化为佳山秀水。石涛死后葬在扬州蜀冈。其对扬州画派和近现代中国书画影响很大。除诗书画外，石涛亦擅园林叠石。扬州片石园叠石，相传是以石涛画稿布置，"积十余年殚思而成"。《扬州画舫录》卷二载："释道济，字石涛，号大涤子，又号清湘陈人，又号瞎尊者，又号苦瓜和尚。工山水花卉。任意挥洒，云气进出，兼工垒石。扬州以名园胜，名园以垒石胜。余氏万石园出道济手，至今称胜迹。"同书卷十五又载："余元甲，字葭白……

雍正十二年，通政赵之垣以博学鸿词荐，不就。筑万石园，积十余年殚思而成……入门见山，山中大小石洞数百。过山方有屋，厅舍亭廊二三，点缀而已……葭白死，园废，石归康山草堂。"

"园林之妙在于借"，这是中国园林常用的造园手法之一。片石山房（图4-9），又名"双槐园"，园以湖石著称。园内假山结构别具一格，采用下屋上峰的处理手法。主峰堆叠在两间砖砌的"石屋"之上。有东西两条道通向石屋，西道跨越溪流，东道穿过山洞进入石屋。山体环抱水池，在水池的西北面有太湖石假山一座，峰高约十四米，是全园的最高处，有险壁、悬崖、奇峰、幽岩，或如一人，或似一物，或像群猴戏闹，或如雄鹰高踞，底部还有梅花三洞，互相串联，碧水贯注其中，远远望去，显得幽深清冷。此处构山极为适宜，因为这里是园的边缘，仅一墙之隔就是园外。看着眼前高耸的假山边缘，定会产生"正人万山圈子里，一山过后一山拦"的感觉，增加了景深，开拓了意境。而整座假山既有盘山曲道，直达山顶，又与山脚空谷相连通。主峰配峰间连冈断堑，似续不续，有奔腾跳跃的动势，颇得"山欲动而势长"的画理，也符合画山"左急右缓，切莫两翼"的布局原则。（图4-10、图4-11）扬州不产石，石料来自江、浙、皖、赣等外地。由于石料运自外地，来料较小，峰石多用小石包镶，根据石形、石色、石纹、石理、石性等凑合成整体。扬州的叠石确有独特的成就，体现了石涛所谓"峰以合，自峰生"的画理。石块拼镶技法极为精妙，拼接之处有自然之势而无斧凿之痕，其气势、形状、虚实处理等浑然天成。片石山房门厅处置有一滴泉，形成"注雨观瀑"之景。水池前一厅为复建的水榭，厅中以石板

片石山房
（清·何园）

图 4-9
图 4-10
图 4-11

进行空间分隔，一边为书屋，另一边为棋室，中间是涌的泉，并配置琴台，琴棋书画合为一体。在池的南面有三间水厅，与假山主峰遥遥面对，高山流水，此情此景正能体现石涛的诗意："白云迷古洞，流水心澹然。半壁好书屋，知是隐真仙。"

片石山房虽占地不广，却使廊、厅、亭、假山与水达到有机的统一，给人以动中有静，静中有动的意境，在有限的天地中给人以无限的遐思。造园家陈从周教授游园后曾赋诗一首："江南园林甲天下，二分明月在扬州。水心亭上春波绿，览胜来登一串楼。"

## 三、小盘谷叠石假山

小盘谷在丁家湾大树巷内，系清代光绪三十年（1904）两江总督周馥购得徐氏旧园重修而成。园内假山峰危路险，苍岩探水，溪谷幽深，石径盘旋，故而得名"小盘谷"。

在扬州园林中，与个园、何园相比，小盘谷具有集中紧凑、以少胜多、小中见大的特点，这也是其独到之处。小盘谷的水池、山石和建筑之间对比鲜明、节奏多变。在有限的空间里，因地制宜，随形造景，产生深山大泽的气势，咫尺天涯，耐人寻味。诗人、散文家忆明珠先生在一篇关于小盘谷的文章中曾写道："西院所拥有的是假山的主要部分，极清雄而有古意，叠石如昂狮，如蹲豹，如卧虎，如云涌、涛立，石间青苔似黛，草碧如丝，嘉木扶疏，秋花俏艳。"

小盘谷布局严密，因地制宜，随形造景。园中山、水、建筑和岸道安排，无不别具匠心，虽为人工所筑，却宛如天然图画。园内北部临池依墙的湖石假山，叠艺高超，过去一直以"九狮图山"（图4-12）相称。主峰高九米余，山体临池而起，突兀而上，湖石垒块飞挑多姿，形成层层悬崖峭壁。再层叠而上，高险磅礴，形成绝峦危峰。山上绿树荫翳，石间绿蔓飘悬，构成一幅危峰耸翠、苍岩临流图画。其空间虽小而山峰峻峭，曲洞危崖，濒水有桥，远近成景。小盘谷的湖石假山，东倚墙壁，西临曲池，山腹有较为宽敞的洞曲。洞内采光来自山岩穴窦，通透明亮。安置棋桌，可以品茗对弈。出洞，可以沿曲桥而至西岸；可以沿磴道而上，抵达山顶小亭；可以沿阶而下到达曲池边，山趾水中安置数块步石。踏上步石，可达其南另一洞口。这水中的块块步石，散置在东边的苍岩峭壁之前，与顺坡蜿蜒而下的台阶，在水边又承接得十分自然。人行步石之上，影映碧水之中，颇多凌波之感。陈从周教授在《扬州园林》一书中说："步石则以小盘谷所采用的最为妥帖。"对小盘谷的假山作如下评价："……山拔地峥嵘，名九狮图山，峰高约九米余，惜民国初年修缮时，略损原状。此园假山为扬州诸园中的

九狮图山
（清·小盘谷）

图4-12 | 图4-13
| 图4-14

上选作品。……叠山的技术尤佳,足与苏州环秀山庄抗衡,显然出于名匠师之手。按清光绪《江都县续志》卷十二记片石山房云:'园以湖石胜,石为狮九,有玲珑夭矫之慨。'今从小盘谷假山章法分析,似片石山房为蓝本,并参考其他佳作综合提高而成。"造园者为了能小中见大,在有限的空间内,应用粉墙分隔,增加景深,以游廊连接景点,一隔一连,使景观若隐若现,给人们造成奇妙的错觉。同时,通过开池堆山,变幻景观,创造无限空间。设置亭台楼阁,组合巧妙,参差错落,相互借景,组成画面,树木花草点缀其间,增加山林之意。(图4-13、图4-14)

综上所述,扬州园林综合了南北特色,成为两者特色的中介体而自成一格,于雄伟中寓明秀,颇得雅健之致。而庭楼亭的高敞挺拔,叠石假山的沉厚苍古,花墙的玲珑剔透,更是别无所不及。至于树木的硕秀,花草的华滋,则又深受自然条件的影响。叠石假山的堆叠,广泛应用了多种石类和小石拼镶技术、分峰用石、旱园水做等因材致用、因地制宜的手法。

## 第四节　扬州园林中的四大奇石

### 一、个园的丑石

绕行个园夏山碧池,曲桥旁边立一湖石。此石修长飘逸,自下而上有三个近圆形的孔洞,如剔净的鱼骨,遮去下面的孔洞,又极似汉字中的"丑"字,因此而得名。(图4-15)夏山上有一株云南黄馨,仿佛绿色飞瀑挂于山前,这成为观看鱼骨石镂空效果的绝佳背景。

图 4-15　丑石
（清·个园）

## 二、何园的石屏风

何园牡丹厅前的石屏风，实在是不应忽略的风景。跨过圆洞门，是一座玲珑石桥，桥下流水清浅，游鱼嬉戏，桥畔石桌石椅，繁花满树。沿砖铺小路西行，迎面一块临风孤立、造型奇异的峰石立在前面，即石屏风。它起着界定区域、阻隔视线、美化园景的作用。因为石屏风是用整块石头制作，所以在选材上需极尽考究。既要有高大之势，还要有飞舞之态，更要有玲珑之意、秀美之姿。因此，让兼具漏、透、瘦、皱、秀五大特点的太湖石来充当是最合适不过的了。（图4-16）

图4-16 石屏风
（清·何园）

### 三、荷花池的"丈人尊"

荷花池位于城南，是个典型的闹中取静的园林。古九峰园、古影园的原址就在其中。九峰园原名为南园，因清代名士汪玉枢得太湖峰石九尊，故乾隆赐名为"九峰园"。

史籍记载，九尊湖石"大者逾丈，小亦及寻……（石有）八十一穴，大如碗，小容指"。后奉旨选二石，送往京师，入于御苑。到清后期，园内只存四五石。高文照有诗云："名园九个丈人尊，两叟苍颜独受恩。也似山王通籍去，竹林唯有五君存。"后"九峰园"荒废，仅存一个"丈人尊"（图4-17）。至1995年建"荷花池公园"时，将此石移回。

**图4-17　丈人尊**
（清·荷花池公园）

### 四、瘦西湖的钟乳石

瘦西湖内小金山前院内有敞厅三楹，两株百年银杏间有一块两千多年形成的钟乳石。它不仅拥有本来要装点皇家园林的特殊身份，还另有珍贵之处，细细一瞧，其自然形成的船行山水盆景恰似一幅瘦西湖的微缩模型。（图4-18）

图 4-18  钟乳石
（清·小金山）

这块奇异的石头是宋代花石纲的遗物。古代运输用船编号记数，十船为一纲，用船运送花和石头，就被称为"花石纲"。当年的宋徽宗赵佶很喜欢奇花异石，在他六十大寿之际，决定在京城开封府建造修建"丰亨豫大"的园林。这块来自广西的钟乳石，就是在运输过程中恰好碰上方腊的农民起义而遗落在扬州的。这也是目前扬州最大的一块钟乳石。

扬州假山叠石的演变堆叠过程视为符号化的过程。通过假山这种符号活动和符号思维，是假山符号达到一种综合效应，包括功利的、审美的、历史的、宗教的、生理的内涵，呈现多重动因结构和象征意义，隐含着社会的秩序法则，透出丰富的文化气息。

# 第五章 砖雕

## 第一节 扬州砖雕产生的社会背景

　　清代，扬州盐商们在客观上促进了扬州砖雕艺术的发展，扬州至今保存他们的豪门大宅上都或多或少留有各式的砖雕，扬州博物馆内藏有古代建筑物上精美的砖雕（图5-1、图5-2）。扬州砖雕不仅有着浓郁的地方特色，在我国建筑砖雕史上也有着不可或缺的重要位置。

　　扬州的园林多半不大，但都精雅，讲究的是经营布局、以小见大。而对于建筑装饰，琉璃这种建筑装饰上最优

**图5-1 砖雕**
（清·扬州博物馆）

越的材料被皇家所垄断，这就促使砖雕在民间获得突飞猛进的发展。砖雕图案的格式由于没有太多等级制度的限制，更能发挥其灵活性，同时它与作为建筑基本材料的砖，更容易结合而不用去操心单独备料，在许多单体建筑上，如塔、牌坊、照壁等，更能发挥其独特的作用。如砖雕门楼，一方面，有功能上的用途，较之木质材料更防蛀、防腐，还有防火功能；另一方面，砖是一种比较普通的建筑材料，易于获取。

清代，扬州云集着众多的文人雅士，整个社会的文化氛围较浓，扬州雕刻艺人与文化名流和书画家相互交往的半径得到扩大。他们相互来往，相互切磋技艺，这对艺人们知识见闻的增长、思路境界的开阔、雕刻技艺的提高、艺术品位的提升起着至关重要的作用。事实上，当时的文人风尚已渗透到扬州砖雕的方方面面，如门楼上下枋的构图、门楼的字牌，以及砖雕的题材内容等。

**图 5-2　砖雕**
（清·扬州博物馆）

## 第二节　砖雕的制作工艺

### 一、选材

《考工记》里说："天有时，地有气，才有美，工有巧。合此四者，然后可以为良。"制作如此精美的砖雕艺术品，选材当然是至关重要的一步。

据有关资料记载，扬州制砖历史悠久，其中传统建筑的青砖雕饰，有非常精到的加工工艺。清水砖作细做，谓之"砖细"。选择含铁量少的泥土制砖坯，烧出砖来，镶贴在室外，风吹雨打而少生锈斑。砖雕的泥坯要细，像做豆腐一样，把泥浆从吊起四角的细白布上缓缓冲下，待泥水沉淀，倒去清水，用沉泥做砖坯，烧出砖来，质地细，好进刀，这种砖便是《扬州画舫录》所记的"停泥砖"。此砖只可砌屋，不可用于雕刻。扬州砖雕常用大方砖，规格有二尺二见方、二尺见方和一尺七见方三种。最重的约二百五十斤，厚约三寸多。这是加工最繁、质量最高的一种砖，制作工艺十分严谨，一般均需经选料、制坯、装窑、烧成、洇水、冷却等多道工序而成。这便是《扬州画舫录》所记"金砖"（亦《营造法原》所记"京砖"）[①]。按当地工匠说，这种砖要有皇帝的御旨才能烧制，否则就要杀头。那么，为什么会有金砖之称呢？民间有两种说法：一曰，这种砖颗粒细腻、质地密实，有所谓"敲之有声、断之无孔"的特点，敲起来有金石之声，故名"金砖"；一曰，这种砖只能运到北京的"京仓"供皇宫专用，因此叫"京砖"，逐步演化，变成了"金砖"。就连当时烧制金砖的窑，也被皇帝赐名为"御窑"。扬州尚存清代

---

① 张燕、王虹军《扬州建筑雕饰艺术》，东南大学出版社2001年版，第5页。

金砖两块，油光发亮，陈列在西方寺徐氏祠堂殿前。一块边墙刻楷书"同治七年成造细料二尺二寸见方金砖""属江南苏州知府蒯德造磨于健管造""袁凤山造"；一块边墙刻楷书"同治八年成造细料二尺二寸见方金砖""属江南苏州知府李铭皖造磨于健管造""袁上林（袁）有弟造"。可知当时，制造金砖是一件大事，不但要刻上工匠的名字，还要刻上知府老爷的名字。

除金砖外还有：半金砖——比金砖小一半，长方形，一般砖雕用半金砖的较多；半王砖——质粗，面小而薄，长方形；普通方砖——较半王砖更粗糙。这四种砖都可用作雕刻，以金砖、半金砖雕刻出的花纹最精致、最牢固。一般人家用半王砖的较多，普通方砖只用作铺地和装大门，只有经济条件较差的才用它雕刻。

## 二、工具

砖的材质其硬度界于木料与石料之间，但又不同于木料与石料，比木料脆，易碎易裂，但又比石料易于操作，而且一般好的砖雕作品又相当精致，这就决定了其制作工具的特殊性。砖雕受木雕影响较重，而且所雕题材又与木雕有相通之处，所以砖雕工具与木雕工具外观十分相似，主要是：修弓一把、斧头一柄、砖刨一具、刻刀数把、木敲手一个、角尺几根、刷子一把等。又因砖料较硬，故刃口一定要坚，所以砖雕工具的刃口所用的是乌钢，而一般木雕工具则选用的是普通的钢质刃口。

## 三、制作

砖雕，顾名思义是在砖上雕出图形或装饰，其作法依烧制前雕及烧制后雕，可分为窑前雕及窑后雕两种。

窑前雕，是在未经窑烧的生坯上雕刻出图案，然后再经窑烧成型的砖雕艺术。未经烧过的砖坯其硬度不高，质地也比较软，所以在砖坯上雕刻较为容易。但是雕好之后的砖坯在窑烧过程中，却很容易迸裂失败。

窑后雕，是以细砖烧制后再雕刻，这种砖雕刚劲有力、轮廓分明、造型简练，一般圆雕、浮雕多见采用这种方法，但较耗工时。扬州砖雕都采用这种方法，操作次序据《营造法源》云："先将砖刨光，加施雕刻，然后打磨，遇有空隙则以油灰填补，随填随磨，则其色均匀，经久不变。转料起线，以砖刨推出，其断面随刨口而异，分为亚面、文武面、木脚线、核桃线等。"[1]

## 第三节　扬州砖雕艺术的特色

### 一、扬州砖雕艺术的特点

作为建筑装饰的砖雕，它一定是依附建筑而存在的。说到扬州砖雕艺术的特点，就不能不谈到扬州建筑的特点。走在扬州的小巷中，你可以看到那些高高低低、犬牙交错的建筑群落，或临街，或面水，疏密有度，黑白相间，极富地方特色。还有那些祠堂、庙宇和道观等建筑在构造上也有一定讲究。扬州的老房子充满了文化底蕴，在布局上十分严谨规范。其中私宅大院有轴线，通过横向的建筑物三间或五间组成的"落"，与纵向建筑组成的"进"构成几落几进，再围以高墙形成住宅群。扬州会馆和老宅相当多，像南河下 26 号的湖南会馆（图 5-3）、新仓巷 4-1 至 16 号的岭南会馆（图 5-4、图

---

① 姚承祖《营造法原》，中国建筑工业出版社 1986 年版，第 21 页。

5-5）、广陵路248号的梅花书院、丁家湾118号的四
岸公所（图5-6）、彩衣街30号的杨氏住宅（图5-7）等。
在这些会馆和老宅中，有许多砖雕，规模宏伟、雕工超绝。

**砖雕（清）**

图 5-3　湖南会馆

图 5-4　岭南会馆

**砖雕（清）**

图 5-5　岭南会馆

图 5-6　四岸公所

图 5-7　杨氏住宅

扬州传统建筑装饰艺术研究

这些砖雕艺术的特点主要体现在三个方面：

1. 图案纹饰的装饰性

扬州砖雕通常装饰在屋脊、大门门楼、砖檐、砖柱、干塘、额枋、垛头、挂落、雀替、挂牙、砖山墙、走廊、影壁、花窗等处，大多是装饰构件，因而它不可能自由选择构图、选择面积，甚至不可能如徽州门罩那样集中铺陈，更不能出现大面积独立欣赏的砖雕画面。它必须按照建筑构件的形状尺寸，进行适合纹样的设计。所有的图案装饰性都必须经过一整套的营造筛选，也就是因屋定形，因形设图，巧施雕镂，以适应建筑构件的特定需要。同时，要把人们喜爱的富有故事情节的题材，界定在特定的砖面上表现。因而扬州砖雕从大至丈余的山花，到小不盈尺的挂牙、垛头，大多以图案装饰见长，偶有人物题材，也少有主题性、欣赏性大画。扬州砖雕大多一砖一题材内容，内涵丰富，寓意深刻。正是这样的因素，纹样装饰性与建筑物巧妙的结合就成了扬州砖雕艺术一个最大的特色。

如湖南会馆砖雕门楼角花和寄啸山庄角门卷脸，刻回纹、卷草纹，叠罗汉似的一个套一个，分叉卷转，交互复叠，任意形状都被它布置得完美妥当。再如扬州博物馆藏"梅花小鸟"花砖，对鸟翅和尾羽作平面化的、格律化的处理，一根根弧线等距离重复，形成律动感。

2. 布景的象征性

扬州砖雕不同于广东等地的南方砖雕所采用大型镂空雕刻，也很少看到大型戏文砖雕，原因是戏文布景需要复杂的层次关系，重檐叠阁，只有通过大型镂空砖雕方式才能完美表现。扬州砖雕，往往以一种俭省的布景方式所呈现。好比西方油画喜欢写实手法表现复杂场景，而中国画则用简单的线条、墨块就能表现出"以形写神"的特定效果。

3. 图必有意，意必吉祥

中国各地区的民间艺术在形式上都保持着各自的地域文化特色，但在内容题材上，至少在比较常见的造型主题方面，却具有明显的趋同性。

扬州砖雕在题材选取上多以自然形态的人物、山水、花草、禽鸟、虫鱼、走兽为主，其中大部分都有吉祥寓意。组成吉祥图案的花有茶、梅、菊、荷、牡丹等；果有桃、李、柿子、桔子等；草有万年青和杂草；虫鱼有鲤鱼、蝴蝶等；鸟兽有龙凤、鹿、仙鹤、鸳鸯及十二生肖等。在扬州砖雕艺术中，运用这些元素再加上一系列的几何纹样作为联系它们的纽带，就构成了我们今天所看到的扬州砖雕。如逸圃园老宅砖雕雨达板，就刻有二方连续卷草莲花回纹。朝东老楼垛头花砖刻蝙蝠口衔双钱，与梅花鹿、麒麟组成"福禄寿财"图案，精工圆熟，细致浑厚。从这些砖雕作品，可以看出当时民间装饰艺术题材的稳定性。

扬州砖雕往往以象征、谐音、表号、用典等手法，借形寓意，谐音寓意，表号寓意，或几种手法混合运用，一块砖即能成为独立的画面寄寓人们对福禄寿喜财等理想的期盼，增添了装饰建筑的趣味。如：柿子与如意组合成"事事如意"；古钱与蝙蝠组合成"福在眼前"；寿桃与蝙蝠组合成"福寿双全"；天竺与水仙组合成"天仙祝寿"；喜鹊与梅花组成合成"喜上眉梢"，还有"凤戏牡丹""二龙戏珠""流云蝙蝠""和合二仙"等。"和合二仙"是常用的一图一意独幅成画的代表作，其雕刻水平是非常精湛的，是扬州人物砖雕中难得的精品。长方委角开光内雕祥云缭绕，和合二仙踏于云上，一人执荷，一人捧盒，二仙人头部均已残缺，但形体丰腴，结构准确，衣纹飞扬飘洒，花叶卷转自如，足见砖雕艺人人物造型把握准确、雕工精湛。这块砖雕是扬州砖雕沉雄饱满又洒脱秀劲、备极传神的精品。[①]

## 二、砖雕的应用

### 1. 门楼砖雕

作为建筑出入口的门，它的位置自然就处于建筑的明显地位，它的形式也自然比较地讲究。中国古代将一个家庭的家风称为"门风"，将一个家族的资望称作门望，谈婚论嫁还要"门当户对"。在朝官吏犯了王法，不但自己被判死刑，严重的还要满门抄斩。由此可见，一个家庭住宅的大门，不单纯是一个出入口，它已经成为一个家庭的代表，一个家族的象征了。除了供出入的实用功能外，它所具有的标志与象征作用往往更明显和重要。在建筑大门上所表现出的传统礼制的思想，所反映出的等级制以及其他文化内涵可以说是建筑文化中很重要的一个组成部分。建筑要表现它的精神功能，要表达出主人的理念追求、趣味，而大门又是建筑最主要的部分，所以门的形象就必然要担负起多方面的作用。这样单靠门本身的表现力就不够了，就要对门进行包装，这种包装的结果就产生了门楼。

门楼砖雕在扬州砖雕中占绝大部分，因而门楼砖雕可以说是扬州砖雕的代表，也是最能体现扬州人文特征的。门楼砖雕又可以分为住宅门楼、祠堂门楼、会馆门楼、商号门楼等。虽然所处位置各不相同，但结构形制基本相同。（图5-8）

---

① 沈惠澜《扬州砖雕收藏价值渐显》，《艺术市场》2008年第10期。

图 5-8　砖雕门楼
（清·逸圃）

　　门楼是对门的一种装饰，也是宅居门第的象征。门楼中又以大厅前的最为讲究，一般宅主往往很重视对门楼的装饰，往往厅堂已成，而门楼尚未雕刻完毕。

　　中国的砖雕门楼在南北都有，因为各个地区文化、审美习惯的不同，就呈现出不同的个性。就拿同是南方做的砖雕门楼相比也是不同的。如扬州砖雕的门楼与徽州的砖雕门楼相比，就有许多不同，先撇开具体的纹饰与形态（因涉及具体的历史时期），单就门楼位置而言，就有明显不同：最明显的是朝向问题，徽派的门楼大都是面向大街，而扬州的门楼除了公共建筑（祠堂、庙宇、会馆等）外都是面对厅堂的，也就是一般人在宅院外是看不到的。其中反映了文化背景的不同。

　　扬州好多的砖雕门楼都是在天井里面，位置是在院墙正中，正对大厅。如果置身大厅，那么砖雕门楼在这里起到的是一个"观赏点"的作用，都是供主人在茶余饭后回味、观赏的。另一方面，门楼所起的作用，就如同厅堂之上的匾额，对于厅堂而言，匾额是重心，是一个厅堂的主旨，是主人情趣和文化的反映。而对于门楼而言，所起作用是相同的。砖雕门楼就是一方天井的精神所在，字牌就是天井的匾额。而且砖雕门楼很好地处理了与墙之间的衔接，其位置对于整个天井墙面而言，起到的是画龙点睛的作用，不仅是整个墙面的视觉中心，而且丰富了墙的立面。

徽商的极度富裕，使建筑富在脸上，他们运用一切装饰手法，对大门门楼和门罩精工细雕。因而徽州建筑装饰中的砖雕门楼和门罩是浓墨重彩之处，其平面分割密集、镂工细密、雕刻繁琐，层层叠叠。每处门楼上既有多种装饰构件，又有连续组合重叠的画面，堆砌突出。当徽州这种风格流传到扬州后，扬州以自身文化对徽派建筑手法进行了改造。扬州富贾之富，不富在建筑表面的争奇斗艳上，而是把突出的门罩无声无息地化为不起楼的磨砖门，并把北方官式建筑的技术融化在自身的建筑里，更把官式的"大"作派深藏不露地融化在自身建筑里。扬州砖雕门楼向雕刻藏而不露的平面化发展，各种装饰构件不显山，不露水，不堆砌，紧贴墙体，直达屋顶，在平面上做足文章，给人以整齐简洁的美感。这样，精雕细琢的门楼装饰与水磨青砖露缝的两侧墙体浑然一色，不招人眼目，却耐人寻味。它造型简练，宽大舒朗，在高大整体、平直精工中呈现"台阁气象"，雍容大度。因此，扬州建筑装饰的砖雕不是单纯的装饰。

2. 砖雕字牌

扬州的砖雕门楼基本都有字牌，与晋派砖雕相比这是扬州砖雕又一明显特征,而且最能体现文化内涵。另外,扬州砖雕字体的处理也相当美观,字体多与书法相结合,或篆或楷或隶，丰富了扬州砖雕艺术的文化内涵和审美价值。精美的书法和典雅的砖雕往往相得益彰，使扬州砖雕更添了几分浓厚书卷气。

门楼的结构是以字牌为中心的，字牌的上方为上枋，下方为下枋，左边为左兜肚，右边为右兜肚。这些好像都是为了美化修饰字牌的。有时候古人造园造物是很有意思的，字牌向内，用意之一，是给自家人看的，规戒、警言之类是用于自勉或激励后辈的，放在大门外，似乎不雅，而且似乎对别人不尊重。二是在处理位置上，字匾对于门楼本身而言是中心，而且是门楼的一个重点。如果说匾额是厅堂内部空间的点题，那么门楼字牌则是一个天井院外部空间的点题。

（1）字牌内容

字牌内容不论宅主在官或经商，多为引经据典，极具文人气息，以歌功颂德、锦上添花之意居多，是一个大家庭文化内涵与精神的浓缩与概括，也是当时该宅主人的身份和地位的象征。如天宁寺北门外冶春园中砖雕门楼字牌为"香影廊"，"香"乃水草植物的气味，"香影"意即文采绚丽。沿河水榭两列，茅草覆顶，平易天然，历落有致，顾得名之。（图5-9）

（2）字牌题刻

扬州砖雕门楼的字牌为名人题刻、状元题刻最多，还有学者等。如瘦西湖里一砖雕门楼，字碑是清江都孝廉吉亮工题草书"徐园"（图5-10），字迹潇洒温雅。

（3）字牌形式

一般字牌格式为：左起一排竖式小字年号，中间四字字牌为主体，文辞华美，蕴意丰富，最后是落款，考究一点的还有印章。早期字牌边框无装饰，只是留出字的位子。乾隆时字牌边框装饰达到最繁盛时期，而且装饰方法多样，题材也很多。在此之后又因经济、工艺等诸多因素只是以线脚勾框，形式与清后期门窗边框装饰手法相同。（图5-11）

**砖雕字牌（清）**

图 5-9　冶春

图 5-10　徐园

图 5-11　汪氏小苑

3. 山墙砖雕

古民居建筑一般都有山墙，它的作用主要是与邻居的住宅隔开和防火。山墙大多是人字形，比较简洁实用，民居多采用。山墙砖雕主要施用于山尖上的山花、透风等部位。（图5-12、 图5-13 、图5-14）

**山墙砖雕（清）**

图 5-12　何园
图 5-13　小盘谷

**图 5-14 山墙砖雕**
（清·小盘谷）

4.砖雕福祠

　　"福祠"是过去大户人家早晚及婚丧喜庆时烧香敬神的地方，因为祭拜的是土地神，所以也叫"土地祠"。砖雕福祠作为扬州古民居建筑装饰艺术的一个独特地域性符号，福祠因其祭祀性、主人身份地位的标志性、建筑空间的视觉引导性及砖刻的艺术性等特质而占有重要地位。扬州古民居福祠总体上依据中国传统建筑立面装饰形式，形成一个自下而上的三段式装饰。在装饰纹样的选用上，传统吉祥纹样与祭祀纹样和谐共存是福祠装饰艺术的一大特色。福祠与宅园合一的整体布局一道，彰显出扬派建筑的质朴与从容，具有中国传统设计文化的丰富内涵和极高的地域审美文化价值，是不可多得的古代建筑装饰艺术样本。（图 5-15、图 5-16、图 5-17）

图 5-15　砖雕福祠（清）

| 吴道台福祠 | 个园福祠 |
| 龙头关殷家小宅福祠 | 阮元家庙福祠 |

**图 5-16 砖雕福祠（清）**

| 卢绍绪宅院福祠 | 小盘谷福祠 |
| 东关街胡氏福祠 | 东关街逸圃福祠 |

## 第四节 扬州砖雕的装饰手法

扬州砖雕秀雅清新、细致活泼、工艺精湛、气韵生动，具有写实的风格和装饰的趣味。它融合了人们的欣赏习惯，渗透着我国的民族传统和民间习俗，表达了人们的美好理想。

### 一、构图

首先是上下枋构图。明末清初直至乾嘉时期，上下枋的装饰手法一般都是满构图。如故事人物类的构图，多采取散点透视的手法，或透视构图。一方面，在上下枋中，因尺寸的限定（一般300cm*30cm左右），一般以几组人物构成画面，每组人物构成一个单元，四个单元为一组画面。散点透视就比较适合构图。另一方面，对亭台楼阁本身的刻画也颇下功夫，有些房屋的窗竟然是可以开合的，真可谓巧夺天工！景物塑造不仅烘托气氛，同时造成画面均衡，从而给人以稳定的美感。前景中还有各种树木，一是可以丰富画面效果，更重要的是树木起的作用是分割画面，也就是两个场景之间的分割线，既巧妙，又能使四个画面有机的组合在一起。背景一般采用的是浮雕，就像传统山水画对远景的处理一样，虽用墨不多，若有若无，但却很好地烘托了主体，增强了画面的层次感，丰富了画面的效果。嘉庆以后，已没有上下枋均满雕的形式，而是出现了新的构图形式，上枋形式较多，但以浮雕折枝花卉居多，也有分成三段式。对于兜肚构图而言，兜肚的长宽比一般为4：3，与上下枋相比，比较容易构图，一般左右两兜肚所选题材是一致的，但构图形式对称却不相同。①

## 二、雕刻技术

传统的建筑雕刻装饰技术，也有它的产生发展过程。扬州砖雕的雕刻技术在乾隆时期发展到了鼎盛时期，不同的雕刻技法赋予砖雕千姿百态的艺术风貌，以类别来分，有圆雕、透雕、镂雕、深浮雕、浅浮雕等。扬州砖雕的个性特征，能充分体现在刀刻形象上。应该感谢那些名不见经传的能工巧匠，为我们留下了珍贵的艺术遗产。

具体来讲，明末清初至乾隆时期，特别是乾隆时期，上下一般都是以满构图形式圆雕或透雕，而且所用方式是窑前雕与窑后雕相结合。呈现的艺术风貌是立体感强，气韵生动，极富艺术感染力。嘉庆以后，因种种原因，圆雕几乎不见，仅仅只用浅浮雕来刻画事物，艺术感大不如前。 正如其他的传统建筑装饰工艺一样，后世砖作加工技术和艺术的进步，主要表现在生产效率或者综合能力的提高方面。建筑的尺度、形象等方面直接受经验习惯、传统审美意识、经济水平等的制约。因此，任何新的工具技术和工艺的应用，都不能导致古代建筑本质上的飞跃。这正是中国传统建筑装饰缓慢发展，渐进式，甚至脱节式前进的原因。

## 三、兼融南北，注重装饰

扬州建筑砖雕装饰艺术，既受徽州影响，也受北方官式风格影响。前者是徽商带来徽州的建筑匠师，使徽

---

① 居晴磊《苏州砖雕的源流与艺术特点》，苏州大学 2004 年硕士论文。

州建筑艺术融入扬州建筑之中，后者是康乾二帝南巡，扬州多次"迎銮"，又使扬州建筑参酌了京师款式，加上扬州地处南北之间，形成北方官式与江南民间风格杂糅的建筑风格。

徽商的极度富裕，使建筑富在脸上，他们运用一切装饰手法，对大门门楼和门罩，精工细雕。因而徽州建筑装饰中的砖雕门楼和门罩是浓墨重彩之处。其平面分割密集、镂工细密、雕刻繁琐深峻，层层叠叠，每处门楼上既有多种装饰构件，又有连续组合重叠的额枋画面，堆砌突出。当徽州这种风格流传扬州后，扬州以自身文化对徽派建筑手法进行了改造。扬州富贾之富，不富在建筑表面的争奇斗艳上，而是把突出的门罩无声无息地化为不起楼的磨砖门，并把北方官式建筑的技术融化在自身的建筑里，更把官式的"大"作派深藏不露地融化在自身建筑里。扬州砖雕门楼向雕刻藏而不露的平面化发展，各种装饰构件不显山、不显水、不堆砌、不起楼，紧贴墙体，直达屋顶，在平面上做足文章，给人以整饬简洁的美感。这样，精雕细琢的门楼装饰与水磨青砖露缝的两侧墙体浑然一色，不招人眼目，却耐人寻味。它造型洗练，宽大舒朗，于文绮中见浑厚，以高大整饬、平直精工中呈现"台阁气象"，雍容大度。因此，扬州建筑装饰的砖雕，它不是单纯的装饰。[①]

## 四、技艺丰富

扬州砖雕的题材广泛，人物、山水、花草、虫画、飞禽走兽，无所不包。其工艺装饰手法以高浮雕为主，

---

① 沈惠澜《扬州砖雕收藏价值渐显》，《艺术市场》2008年第10期。

参以浮雕、圆雕，线条的深、浅刻和镂雕，而以高浮雕尤为见长。图像突现在开光中或地子上，构图饱满，主体突出，配景简约，层次十分清晰，空间感很强。几何纹样多剔地浅起，棱线健劲，峭拔精神；花树人物则在高浮雕上浅刻，浑厚中不乏秀丽清劲。圆雕和线刻为高浮雕的辅助手段，镂雕只用在关键部位。

### 五、简洁凝练，寓意深刻

有少量反映传说故事情节的砖雕，可能是用于门楼额枋的，其画面形式较为简洁凝练，寓意却和谐深刻。如："鲤鱼跳龙门"砖雕，它是由两块砖组合而成，每块长33厘米，宽21.5厘米，厚17厘米。此砖雕有故事情节，左边一块描述了鲤鱼准备跳进龙门的情景，浪花中一条大鲤鱼跳出水面，跃居主要位置，两条小鲤鱼也昂首向龙门跃去。那二层盂顶飞檐翘角的龙宫，角垂风铃，门设乳钉，庄严宏伟，富丽堂皇。门微开一隙，透过缝隙可见3厘米厚的内空间，砖下边是五组装饰性很强的浪花簇拥着鲤鱼、龙门，一幅海中龙王宫殿的壮景跃然砖上。右边的一块砖有一条从龙门中跳出来的"鱼"，它的形象，角似鹿，眼似牛，嘴似马……显然，这是由一条普通鲤鱼变成的"龙"。它回首眺望龙门，面带笑容的神态，表现出鲤鱼因跳跃龙门而高升的欢快感、自豪感。这组砖雕题材的寓意和期盼是很明显的，以鱼祈祝人们能获得跳跃龙门而高升境迁的机遇。古时又以"龙门"比喻高升、高攀。如唐李白《上韩荆州书》中说："一登龙门，则身价百倍。"民间把鲤鱼跳龙门常作为通过科举夺魁的象征。这组砖雕用于门楼装饰，寓意更加独特。尤为值得一提的是，在这两块砖的上、下、左、右侧面和左半砖正面的左上角，右边砖正面的右上角都穿插了忍冬纹样。不细看，还以为同样是波浪纹，因为它和波浪纹很相像，但细一看，才发现是忍冬纹样。两种纹样组合在一起，一点凌乱的感觉也没有。雕刻者在"鲤鱼跳龙门"的题材中加以忍冬纹，看上去是两组毫无联系的题材内容，但经查考资料，忍冬为一种缠绕植物，俗称"金银藤"，其花长瓠垂须，黄白相半，凌冬不凋，故有忍冬之称。忍冬图案多作为佛教装饰，可能取其"益寿"的吉祥含义。这块砖雕上除了用鲤鱼跳龙门表示科举高升的心愿，还用忍冬纹样表示延年益寿的祝福，更体现了创作者强化寓意吉祥的构思。这种无羁绊的丰富联想的随意添画，在古代工艺图案中也是屡见不鲜，而在敦煌图案中尤为多见。

这组砖雕高浮雕的风格突出，整个砖厚 17 厘米，除地子实心层 6 厘米外，11 厘米的厚度均为高浮雕和镂空雕，从最前面的鲤鱼到中景远景的鲤鱼，从近处波浪到远处消失的波浪，从龙门前到龙门中，从前景到后景，层次非常丰富。特别是那龙宫门，盂顶建筑突破了浮雕范畴，采用镂空雕、圆雕相结合的手法表现处三度空间。这组砖雕置放上墙时，11 厘米的雕刻层是凸于墙面外的，更有立体感。整组砖雕是圆雕、浮雕、镂空雕、深浅刻融为一体的，同时也是点、线、面相互衬托运用较好的代表作，可谓是清代盛期的神品。

另还有一组表现故事情节的"十鹿游春"砖雕，更是一组罕见的珍品。它是由九块长方形砖组合而成，每块砖长 32.5 厘米、高 24.5 厘米、厚 5 厘米，总长 292.5 厘米。第一块和第九块雕刻如意纹样，并巧妙地置放树木山水和两只鹿，中间七块砖安排了八只鹿。此砖雕刻题材寓意吉祥，以"鹿"的音谐寓"禄"，以"十"寓"全"，以"春"寓"万象更新、生机盎然"。九块砖构图采用了能开能合的手法，砖与砖之间有机地分割，又有机地联合成为一幅完整的组画，这在扬州砖雕中是少见的具有散点式构图的连续画卷。近景雕松、柏、榆、梧共六本，叶片有长有圆，有线有面，变化多端，各具特征。中景雕体态各异的十只鹿，跋山涉水去郊外踏青，从左至右，分别作回首、翻滚、绕树擦痒、舔犊、饮水、吃草情状。远景坚实厚重的山石衬以轻盈流动的溪水，有动有静，对比协调。全组砖雕在2厘米厚的雕刻层里，山、水、树、鹿、草坪分了好几层，有高浮雕、浮雕、圆雕、透雕、深浅刻多种技法糅合并用。刀法多变，奏刀简练，层次丰富。

扬州盐商的住宅，随着年代久远，有的巍然屹立，有的逐渐废弃。然而散落于民间的砖雕，不失为值得欣赏的建筑雕刻艺术品。

\扬州传统建筑装饰艺术研究

# 第六章　石　雕

## 第一节　石雕概述

中国石雕艺术起源于新石器时代，以裴李岗文化的石磨盘、磨棒为代表。

商周时期的石雕艺术日趋成熟，出现许多杰出的石雕艺术品。河南安阳殷墟发掘出的商朝虎纹石磬上虎的造型优美，刀法纯熟洗练，线条流畅自然。

汉代在中国传统石雕史是一个非常重要的时期，较多作品留存，遵循顺乎自然的原则，风格独特。最有代表性的是霍去病墓前的石雕，是一组写意风格的作品。如"马踏匈奴"等，采用巨大整体石块，就其自然外形加以艺术雕琢，灵活使用圆雕、浮雕、线刻的表现手法，使之完全服从于石雕的造型。

佛教在东汉明帝时即已传入中国。到了桓帝执政，他既信佛，也信道，在宫中铸老子及佛像，这是中国出现佛像之始。到了公元后一世纪汉和帝时，佛像雕刻出现。此时，石雕在祭祖因素外，融入宗教因素。

南北朝时期，陵墓前树立石兽、墓碑和石柱的风尚在南朝十分盛行。

隋唐时期的石雕，主要表现在建筑装饰和陵墓雕刻两方面。如隋代建筑的安济桥，从龙的造型上可看出，是继承了商周青铜器上蛟龙的某些特点，将其雕刻成穿岩的栏板装饰，取其龙能激水之意。其造型表现了神龙的矫健形态，具有很强的装饰效果。刻桥全部用石头建造，桥的石栏板上雕有蛟龙穿岩的形象，刀锋犀利，雕法洗练，是一件艺求性很强的石雕作品。

到了明清两代，建筑雕刻向世俗化发展，风格质朴浑厚，石雕大多以石狮、石鼓、石蹬、栏杆等最为常见，辅助于建筑而存在。

石雕艺术在中国的历史上拥有独特的地位。它有完整的工艺流程，具有鲜明的民族风格和地方特色。世代的能工巧匠开启了人类的智慧，将人们的丰富情感、美好企盼、宗教信仰、民间故事、神话传说、审美情趣寄托其中，以石为材展开丰富的想象力和创造力。历代传人们以石为纸写就了一部部传世之作留下了美好的故事、美丽的传说。石雕最大的贡献莫过于打破了时空的界限，让历史与现代并立，让今人与古人做心灵的对话。石雕犹如一个管窥历史的万花筒，使考古学家、历史学家、艺术家、宗教学家、民俗学家都可以从中研究获得各自的收获和成果，传诵着中华民族的聪颖与美德。

石雕的种类繁多，从功用上划分为实用型和观赏型。实用型从原始的石器工具到最初的生活用具，再发展到各类建筑和宗教用品，小如石臼、石桌、石磨、香炉，大到皇宫、府邸庙宇、陵墓、桥梁等。观赏型则有室内陈设、印纽、果盘、手镯、动物、人物、山水摆件等，室外有佛像、牌坊、石窟、石狮、石鼓、庭院景观、摩崖石刻等，所有石雕都各具千秋，意蕴绵长。

## 第二节 扬州传统建筑中的石雕装饰

### 一、石狮子

#### 1.石狮子溯源

石狮子是在中国传统建筑中经常使用的一种装饰物。石狮雕刻是吸收外国艺术而民族化了的动物形象，数千年来为中华民族所用。石狮雕刻艺术，不仅反映我国劳动人民吉祥的愿望，也显示了我国劳动人民的聪明才智和很高的艺术造诣，为华夏建筑增添了一份光彩。在中国的宫殿、寺庙、佛塔、桥梁、府邸、园林、陵墓以及印钮上都会看到它。但是更多的时候，"石狮"是专门指放在大门左右两侧的一对狮子。在漫长的历史年代中，这些石狮子陪伴着沧桑巨变，目睹着朝代的兴衰更替，已成为中国古建筑中不可缺少的一种装饰物。

据《汉书》记载，狮子传入中国是在汉代，自汉武帝派张骞出使西域后，西域诸国将狮子作为珍贵贡品输入到我国，也有认为是随佛教而传入。其名根据狮子梵文第一音"师"来称呼，加"犭"旁表示兽类，成为"狮"。狮子是百兽之王，民间摆放石狮有辟邪、吉利的意头。我国最早有文献记载石狮子的是《后汉书》，该书记载东汉有石兽，刻有"辟邪"字样。"辟邪"是梵语音译，译意为大狮子。二千年来，中国历代的能工巧匠曾塑造过千姿百态，适用于不同场合，有不同功用的、中国特色的石狮子：一是护卫死者，立于墓前；二是辟邪，往往埋在地下驱除不祥；三是宗教场所作为护法神狮子。狮子在中国交了如此好运，也得益于汉代时佛教传入中国。《灯下录》云：佛祖释迦牟尼降生时，"一手指天，一手指地"，作狮子吼曰："天上地下，惟我独尊。"所以佛教中将狮子视为庄严吉祥的神灵之兽而倍加崇拜。四是作为建筑的附属物和装饰，多在贵胄之家，如桥梁、祠堂、宫殿等，以增其气势。五是用做摆设观赏，多为小石狮。

狮子的故乡在非洲、印度、南美等地。不过狮子的形象却早为我们祖先熟知：从宋、清两代搜集的周代铜器的精绘印本中，已有狮子的立体形象。随着佛教的传入中国，被佛教推崇的狮子在人们心目中成了高贵尊严的灵兽，中国很快从印度等地学到了石狮子的雕刻艺术，并且出现陈列墓前的现象。四川雅安县高颐墓有一对点缀性的大石狮子，左雄右雌，雕刻得极为精美。右侧石狮子的腹部有一块伤痕，此为中国现存最古老的石狮子，是东汉时期的遗物。所以狮子在中国更多地是作为一种神话中的动物出现的，和麒麟一起成为中国的灵兽。唐代高僧慧琳说："狻猊即狮子也，出西域。"

到唐代时，石狮子雕刻艺术达到了顶峰。由于采用传神的创作方法，石狮子完全中国化了。中国的雕刻艺术大师将石狮子雕刻得异常壮丽，而且逼真：头披卷毛，张嘴扬颈，四爪强劲有力，神态盛气凌人……

明代后，石狮子雕刻艺术不仅比唐代更高，而且人们生活中使用的范围也更加广泛。宫殿、府第、陵寝甚至一般市民住宅，都用石狮子守门；在门楣檐角、石栏杆等建筑上也雕上石狮作为装饰。如闻名中外的卢沟桥，其两边140个柱头上，都雕刻着玲珑活泼的石狮子，姿态多样，神情丰富，大小不一，雕刻得活灵活现。清代，狮子的雕刻已基本定型。《扬州画舫录》中规定："狮子分头、脸、身、腿、牙、胸、绣带、铃铛、旋螺纹、滚凿绣珠、出凿崽子。"石狮子通常以须弥座为基座，基座上有锦铺。狮子的造型各异，在中国又经过了美化修饰，基本的形态都是满头卷发，威武雄壮。狮子的造型在不同的朝代有不同的特征：汉唐时通常强悍威猛；元朝时身躯瘦长有力；明清时较为温顺。

看门的石狮子的摆放是有规矩的。一般来说，都是一雄一雌，成双成对的，而且一般都是左雄右雌，符合中国传统男左女右的阴阳哲学。放在门口左侧的雄狮一般都雕成右前爪玩弄绣球或者两前爪之间放一个绣球；门口右侧雌狮则雕成左前爪抚摸幼狮或者两前爪之间卧一幼狮。

狮子在民间有辟邪的作用，常用来守门。狮子又是兽中之王，有显示尊贵和威严的作用。按照传统习俗，成对的狮子是左雄右雌，还可以从狮子所踩之物来辨别。蹄下为球，象征统一寰宇和无上权利，必为雄狮。蹄下踩着幼狮，象征子孙绵延，是雌狮。如果狮子所蹲之石刻着凤凰和牡丹，鸟中之王，花中之王，就称"三王之狮"。还有南狮、北狮之分，北狮威严雄壮，南狮活泼有趣。比较有名的卢沟桥望柱上的四百八十五只狮子，俗话说"卢沟桥的石狮子——数不清"，卢沟桥因石狮子而名扬四海，成为建筑艺术的精品。

2. 扬州建筑中的石狮子

石狮子是扬州传统建筑中经常使用的一种装饰物。过去扬州的官衙、府第、庙宇甚至一般市民住宅，都有石狮子守门（图6-1）；在门楣檐角、石栏杆等建筑上也雕上石狮作为装饰（图6-2）。

图 6-1　石狮
（清·天宁寺）

图 6-2　栏杆刻狮
（清·瘦西湖绿荫馆）

\扬州传统建筑装饰艺术研究

**石刻卧狮**

图6-3　元・扬州博物馆

图6-4　唐・私人藏

扬州的石狮子的造型各异，基本的形态都是满头卷发，威武雄壮。和北方的石狮子相比，扬州的石狮子更为灵气，造型活泼，雕饰繁多。一般的石狮子作为门前的守护神兽，它的形象多被塑造成一副凶煞威武的神态。而扬州的众多石狮子并无凶相，有的显得温顺（图6-3、图6-4），有的面露笑容还带一点顽皮，有的显出一副无赖之相。比如在扬州市瘦西湖的小金山，就有两头笑脸

图6-5 石狮
（清·小金山）

迎人的石狮子，显然扬州的石狮子狮性已经被"人化"了（图6-5）。高邮文游台有四只石狮群，也是形态各异，憨态可掬（图6-6）。

**图6-6　石狮**
（清·高邮文游台）

石狮子的造型也反映了我们的老祖先们对于当时生活的愿望，像雄狮子脚下的彩球，也有张灯结彩，祈求太平之意；而有的彩球上则刻有古钱币，自然就是祈求发财了；有的狮子嘴中含珠，以寺庙最常见，取其有"球"必应的意思。至于其它一些口中衔剑，脚下拿着八卦等造型，则有镇灾、驱邪等含义。

扬州现存的石狮中，位于天宁寺门口有两只精美的石狮。天宁寺有确切记载始建于唐证圣元年（695），初名证圣寺。宋徽宗政和二年（1112）改称天宁寺。清康熙、乾隆两帝南巡，曾驻跸于此，并先后颁圣旨赐银增建。石狮雕于乾隆年间，高2.3米，选用汉白玉材质，形象逼真，雕刻精美，洁白无瑕，两狮相对而视，笑态可掬。（图6-7）

史公祠史可法陵寝前有一对石狮（图 6-8），经名家鉴定，认为是宋代遗物。当时人们看见雄狮身上刻有"此两狮子出于西城垣中宋物也城建"的铭文。史公祠还存有元代和未知年代石狮各一对，均是上世纪五六十年代文物普查时收回。

石狮

图 6-7　清·天宁寺

图 6-8　宋·史公祠

　\扬州传统建筑装饰艺术研究

图6-9 石狮
（明·两淮都转盐运使司衙门）

位于两淮都转盐运使司衙门（现老市政府东门）前的石狮，疑为明代旧物（与江西湖口明代石狮造型相似），连底座高3.05米，威武、雄壮。（图6-9）

位于两淮巡盐御史衙门遗址（现万家福商城附近）的石狮，石狮正身而坐，神态威严。该对石狮不但见证了曹雪芹祖父曹寅在扬做官、接驾、刻印《全唐诗》及家族衰亡的历史，也见证了太平天国运动、皇宫、中山纪念堂的兴废等一系列与扬州有关的大事，堪称孤例。

位于大明寺栖灵遗址牌坊前的石狮，原在重宁寺门前。重宁寺石狮按皇家园林规格，镌正头，造型雄健，蹲身、直腰，口微张，牙咬合，前爪平伏，傲视远方。（图6-10、图6-11）

瘦西湖徐园的南门和东门，各有一对石狮子（图6-12、图6-13）。南门的汉白玉狮子亲切笑脸相迎四方来客。东门的狮子造型与天宁寺的相近，只是在体积上有所不及。

图 6-10　石狮
（清·大明寺）

**石狮（清）**

图 6-11　天宁寺

图 6-12　史公祠

图 6-13　石狮
（清·徐园）

　　瘦西湖五亭桥上两侧栏杆共刻有小狮子十八只，清乾隆年间两淮盐运使高恒令工匠雕饰。由于年代已久，风吹日晒，部分狮子已形态模糊（图6-14），显得更为神秘。

图 6-14　石狮
（清·瘦西湖五亭桥）

　　石狮子是扬州古建筑中不可缺少的一种装饰物。无论是寺庙、府邸，还是园林，在漫长的岁月中，石狮子见证了扬州的兴衰更替，沧桑巨变。

　扬州传统建筑装饰艺术研究

## 二、石鼓

石鼓，也称"门枕石""门礅""门台""镇门石"等，在扬州是旧时大户人家大门口的一种不可或缺的的标志。（图6-15）

石鼓在建筑上起到抵住门框的作用，使门扇得以牢牢地直立，门框更为稳。石鼓大小不一，有圆有方。纹样十分别致，多为深浮雕，有瑞兽如狮子（图6-16）、梅花鹿（图6-17）、十二生肖（图6-18）；有花卉，如牡丹、荷花、芙蓉（图6-19）；还有抽象的几何纹等。刻着三狮戏球的，叫"三世戏酒"（图6-20）；刻着四狮同堂的，叫"四世同堂"；刻着五狮护栏的，叫"五世福禄"。

石鼓从开始的实用功能转化为后来的身份和地位的象征，石鼓的尺寸也就越来越高大，越做越华贵。一旦成为身份和地位的象征，模仿之风便弥漫开来。石鼓虽好，可是按古代的法律制度，也不是想用就能用的。能不能用，怎样用，那是有等级，有讲究的。

清人张廷玉等所撰的《明史·舆服四》中云："百官第宅：公侯，门三间，五架，用金漆及兽面锡环；一品、二品，门三间，五架，绿油，兽面锡环；三品至五品，门三间，三架，黑油，锡环；六品至九品，门一间，三架，黑门，铁环。"清代沿袭了明制，《清律例》中亦云："一二品，正门三间五架；三至五品，正门三间三架；六至九品，正门一间三架。"明清政府都明文规定了各级官员宅第大门的建造等级，品级不同，宅门的间架也不同，门扇的大小也跟着不同门扇越大，相应的门枕石也就越大。

石鼓（清）

图 6-15　吴道台

图 6-16　大明寺 ｜ 图 6-17　史公

116 ｜ 扬州传统建筑装饰艺术研究

**石鼓（清）**

图 6-18　盐宗庙 ｜ 图 6-19　何园

图 6-20　两淮都转盐运使司衙门

明清时，扬州是府一级的建制，虽说两淮盐运使衙署设在扬州，但官员级别最高的大概也就是二三品，而且只有官宦人家的宅门，才能安放石鼓，普通市民只能用门枕石。普通百姓认为门枕石不能雕成石鼓，还能不能雕成别的模样？这一奇思妙想在头脑里一转，就产生了石鼓的变体长方形的石墩（图6-21）。故而你在扬州的老街小巷里走走，可以看到许多长方形的石墩，虽不是鼓形，也有与石鼓同等的妙用。你一眼看去，门第果然与平民百姓不一样了，虽不是威风赫赫，但也庄重华贵了许多。颇有身份和地位的扬州人还为这长方形

**图6-21　石鼓**
（清·汪氏小苑）

　扬州传统建筑装饰艺术研究

的石墩拟出了另一个更为准确的称呼，叫如意石鼓（图6-22）。

当然，这是客气的说法，毕竟是在石鼓前面添加了如意二字，暗含着变通之意。有功名、有官衔的人家可置圆石鼓，虽然有钱但没有功名官衔的只能置方石墩，一字之差，方圆之别，这就是社会的等级。虽说这等级规范并没有明文规定，仅是民间的风俗和习尚，是约定俗成的，但是人们一辈辈一代代地都在严格遵守着，谁也不敢违背，可见风俗有时比法律更有约束力。

**图 6-22　石鼓**
（清·天宁寺）

### 三、石柱、石柱础

#### 1. 石柱

中国传统建筑在立体的结构上大致可分为三个主要部分，台基、墙柱构架和屋顶。而其中"柱子"是一个支撑屋顶、形成立面的要素，所以"柱子"经常成为立面的视觉焦点，其装饰要求特别重视，因此自成一套艺术体系，在建筑艺术中有其独特的地位。

一般建筑的柱子由三部分组成：柱身、柱础、柱头。由于中国古代建筑以木结构为主，经风吹雨打易于腐烂。因此，很多重要的木构建筑多用石柱或半石柱作为外檐立柱，柱子的形状有方形、圆形、槽形等几种。在各地的建筑中，有一种石柱建有龙抱图式，叫龙缠石柱（图6-23）。龙的造型来自于人们幻想的神话传说，经过时间演变，尤其受道教和佛教思想的影响，而使其转化为具有特殊之异能，进而受到人们的信仰和崇拜。扬州博物馆现藏不少这样的明代石柱。这种式样的石柱在古建筑中运用很多，一是可以防腐，再则，也是一种重要的装饰。

图 6-23　龙缠石柱
（明·扬州博物馆）

2. 石柱础

石柱础是中国古代建筑石构件的一种，俗称磉盘或柱础。柱础就是支撑木柱的基石，具有加固木柱、防潮防腐、减少磨损等功能，对防止建筑物塌陷有着不可替代的作用。因其位置接近人的视线，往往被历代工匠精细加工，做成各种造型别致、纹饰多样的艺术形象。柱础表面多是浮雕形象，或是高浮雕形象，其雕饰或精美，或粗放，动态十足，形式多样。柱础历史悠久，至今已有五千多年的历史。作为传统建筑中最基本的构件，石柱础是我国传统建筑中结构构件与艺术构件完美统一的典型代表，同时也是流存于中国几千年建筑艺术中一个不可或缺的闪光点。石柱础的强大生命力，首先源于它原本是一个结构构件，后来又演化成一种艺术形式，一种依赖于结构功能的艺术形式。

柱础的造型很多，有圆柱形、圆鼓形（图6-24）、莲瓣形、几何形（图6-25）、动物形（图6-26、图6-27）等。雕刻的纹饰也很多，有瑞兽、花草、山水浅浮雕图案。

**图6-24　石柱础**
（清·天宁寺）

石柱础
（清·天宁寺）

图 6-25

图 6-26

**图 6-27　石柱础**
（清·天宁寺）

　　扬州石雕除了具有一些可以直接体会到的显性特点之外，更具有意会性。不同的人、不同的艺术修养、不同的文化品位对石雕造型中流露出的文化气息的把握是不同的。诚如禅家有云："如人饮水，冷暖自知。"在这一点上，扬州石雕反映出来"形"与"意"，与中国传统艺术门类和形式是相通的。美学家宗白华曾说："中国各门传统艺术，不但都有自己独特的体系，而且各门传统艺术之间，往往相互影响，甚者互相包容……因此在美感特殊性方面，往往可以找到许多相同之处或相通之处。"

　　几千年来，在中国的民族文化里，石狮、石鼓、石柱等一直是守护人们吉祥、平安的象征。石雕无论历史如何变迁，无论何时何地，始终守护人们的吉祥平安。

# 后 记

　　苏珊·朗格的艺术符号论美学，提出"艺术是人类情感符号形式的创造"这个命题。自古以来，人们不断地寻求观念和情感表达形式的更新和不断完善。在漫长的生产劳动过程中由于受环境影响及相互交流的需要，人们创造了语言、行为和表情等一系列传播信息的工具，并且对不同的形、色、质都有了一种"先验的直观"，久而久之这些认识具有了广泛意义，成为特定的符号。而建筑装饰艺术的趣味创意设计和形态语言符号学之间有着必然的联系，建筑装饰艺术的趣味创意设计就是利用形态语言符号学的原理和方法来解释建筑的实质，把装饰艺术提升到符号及情感传达的层面上讨论研究。

　　扬州建筑装饰艺术有其独特的造型语言，观赏者通过外形体味其中蕴涵的理念。建筑装饰符号应当自己会"说话"，向来往人们诉说着它的由来、立意、特别高超的技艺及精心别致的设计构思，这样才能使符号元素代表的观念、意义、信息有效快速地得到传递。在一定意义上，建筑装饰符号是作为艺术造型而存在，并以观赏功能为前提而被认知的一种"形式赋予"的活动，传达自己点点滴滴的思想与理念。因此，本文旨在发现扬州建筑装饰艺术形态语言符号的关系，以个别掌握一般为目的，作全面、辩证的把握和认识，并由此为研究当代建筑装饰的演变与发展提供历史的依据与思考。

本人客居扬州多年，感悟颇多，同时也对扬州传统建筑艺术进行深入地研析，敬佩之情油然而生。本书在撰写过程中，得到吴双、黄倩、陈秋实、陈莹莹等同仁的大力支持，才得以完成。由于笔者才疏学浅，有些论述难免有蜻蜓点水之嫌，甚至有些地方有所纰漏，还请方家指正。

徐 邠

2015 年 5 月 18 日于云水坊

# 参考文献

1. 钱正坤：《世界建筑史话》，国际文化出版公司，2000 年。

2. 许少飞：《扬州文化丛书·扬州园林》，苏州大学出版社，2001 年。

3. 计成：《园冶图说》，山东画报出版社，2003 年。

4. 计成：《园冶》，陈植注释，中国建筑工业出版社，1988 年。

5. 李渔：《闲情偶寄》，华夏出版社，2006 年。

6. 许慎：《说文解字》，中国书店出版社,1989 年。

7. 侯幼彬：《中国建筑美学》，黑龙江科学技术出版社，1997 年。

8. 潘嘉来：《中国传统窗棂》，人民美术出版社，2005 年。

9. 李允钰：《华夏意匠》，天津大学出版社，2005 年。

10. 王其钧：《心舒窗牖》，重庆出版社，2007 年。

11. 王振世：《扬州览胜录》，扬州业勤印刷所，1942 年。

12. 朱江：《扬州园林品赏录》，上海文化出版社，1990 年。

13. 董玉书：《芜城怀旧录》，上海建国书店，1948 年。

扬州传统建筑装饰艺术研究

14. 陈从周：《园韵》，上海文化出版社，1999年。

15. 陈从周：《惟有园林》，百花文艺出版社，1997年。

16. 陈从周：《说园》，同济大学出版社，1984年。

17. 陈从周：《中国园林鉴赏辞典》，华东师范大学出版社，2001年。

18. 冯钟平：《中国园林建筑》，清华大学出版社，2000年。

19. 伍蠡甫：《山水与美学》，上海文艺出版社，1985年。

20. 陈植，张公弛：《中国历代名园记选注》，安徽科学技术出版社，1983年。

21. 海军，田君：《长物志图说》，山东画报出版社，2004年。

22. 张承安：《中国园林艺术辞典》，湖北人民出版社，1994年。

23. 周维权：《中国古典园林史》，清华大学出版社，1999年。

24. 金学智：《中国园林美学》，中国建筑工业出版社，2005年。

25. 刘庭风：《中国古园林之旅》，中国建筑工业出版社，2004年。

26. 蓝先琳：《中国古典园林大观》，天津大学出版社，2003年。

27. 张燕、王虹军：《扬州建筑雕饰艺术》，东南大学出版社，2001年。

28.姚承祖：《营造法源》，中国建筑工业出版社，1988 年。

29.沈惠澜：《扬州砖雕收藏价值渐显》，《艺术市场》，2008 年第 10 期。

30.王秀荣：《清西陵古建筑中的石栏杆》，《文物春秋》，2011 年第 2 期。